LES CHENILS

ET LEUR HYGIÈNE

COMPRENANT

la Construction rationnelle des Habitations
des Chiens et les règles de l'Hygiène dans l'Élevage,
l'Alimentation et les Maladies

PAR

Pierre MÉGNIN, Ancien Vétérinaire de l'Armée

Rédacteur en Chef du journal l'ELEVEUR

MEMBRE DE L'ACADÉMIE DE MÉDECINE

VINCENNES

AUX BUREAUX DE *L'ÉLEVEUR*

6, Avenue Aubert, 6

Et à PARIS, 12, Boulevard Poissonnière, 12

1896

LES

CHENILS & LEUR HYGIÈNE

LES CHENILS

ET LEUR HYGIÈNE

COMPRENANT

la Construction rationnelle des Habitations

des Chiens et les règles de l'Hygiène dans l'Élevage,

l'Alimentation et les Maladies

PAR

Pierre **MÉGNIN**, Ancien Vétérinaire de l'Armée

Rédacteur en Chef du journal *l'ÉLEVEUR*

MEMBRE DE L'ACADÉMIE DE MÉDECINE

VINCENNES

AUX BUREAUX DE *L'ÉLEVEUR*

6, Avenue Aubert, 6

Et à PARIS, 12. Boulevard Poissonnière, 12

1896

LES CHENILS & LEUR HYGIÈNE

CHAPITRE PREMIER

L'Habitation du Chien

§ I

UN PEU D'HISTOIRE A PROPOS DE CHENILS

Comme entrée en matière, nous commen-cerons par reproduire un passage d'un de nos plus anciens auteurs de vénerie, Jacques du Fouilloux, contemporain de Henri II, qui montre qu'au XVIᵉ siècle on avait des idées assez justes sur la manière dont on doit ins-taller un chenil pour qu'il soit hygiénique, et qu'il y a toujours profit à se mettre au cou-rant de la littérature ancienne, même à pro-pos de chiens :

Comme doit estre situé et accomodé le chenin(chenil) *des chiens* (1)

« Le chenin doit estre situé en quelque lieu bien orienté, où il y ait une grande court bien aplanie, ayant quatrevingtz pas en carré,

---

(1) **Vénerie** de Jacques du Fouilloux, Orléans 1560, page 31.

1

selon la commodité et puissance du Seigneur :
mais d'autant qu'elle est spacieuse et grande,
elle en est meilleure pour les Chiens, parce
qu'ilz veulent avoir du plaisir pour s'esbattre
et vuider. Par le milieu du chenin y doyt
avoir un ruisseau d'eau vive ou une fontaine
près laquelle faut mettre un beau grand tymbre de pierre pour recevoir le cours de la
source, qui aura un pied et demy de haut afin
que les Chiens y boivent plus à leur aise, et
faut qu'y celui tymbre soit percé par un bout
afin de faire évacuer l'eau et qu'on le net-
toye quand on voudra. Sur le haut de la court
doyt estre basty le logis des Chiens, auquel
faut qu'il y ayt deux chambres dont l'une
sera plus spatieuse que l'autre, en laquelle
doibt avoir une cheminée grande et large pour
y faire du feu quand mestier sera. Les portes
et fenêtres d'icelle chambre, doivent être si-
tuées entre le soleil levant et le midy. La
chambre doyt être enlevée de trois piedz plus
haut que le plan de la terre, et y faire deux
cois, afin que l'urine et immondicité des
chiens se puissent vuider. Les murailles
doibvent être bien blanchies, et les planchers
bien joinctz, de peur que les aragnes, pulces,
punaises et leurs semblables s'y engendrent
et nourrissent. Les fenestres doibvent être
bien vitrées, de peur que les mouches y en-
trent. Il leur faut tousjours laisser quelque
petite porte ou huisset, afin qu'ilz s'aillent
vuider et esbattre quand ilz voudront. Puis
faut avoir en la chambre de petitz chalitz qui

Fig. 1. — Un chenil du xvi° siècle, d'après Jacques du Fouilloux.

soyent enlevez de terre d'un bon pied, et que
soubz chacun des piedz du chaslit y ait un
petit rouleau, ou boule, pour les mener là par
où l'on voudra, afin de pouvoir nettoyer des-
soubz : et aussi quand ilz viendront de la
chasse, et qu'il est question de les faire
chauffer et sécher, on les puisse rouler et approcher du feu. Et s'il faut qu'iceux chaslitz
soyent foncez de clies, ou bien d'ais percez,
afin que s'ils pissayent, l'urine s'escouslat à
terre. Il faut une autre chambre pour retirer
le valet de Chiens afin de resserrer ses trom-
pes, couples et autres choses requises à son
art.

« Je n'ai voulu parler des chambres somp-
tueuses que les Princes font faire pour leurs
chiens, esquelles y a des poiles et estuves, et
autres magnificences : parce que cela m'ha
semblé leur estre plus nuisible que profitable :
car s'ils ont acoustumé telles chaleurs, estantz
traitez si délicatement et qu'on les mène en
quelque lieu où ilz soyent mal logez, ou bien
s'ils courent par temps de pluye, ils seront
subjetz à se morfondre et à devenir galleux.
Parquoy j'ai bien voulu dire, qu'alorz qu'ilz
viennent de la chasse, et qu'ils sont mouillez,
il suffit seulement qu'ils soient bien chauffez
et couchez sèchement, sans leur accoutumer
tant de magnificence. Et parce qu'aucunes fois
on n'ha pas la commodité d'avoir fontaines ou
ruisseaux, il est requis de faire petis baillots
de bois ou bien quelque tymbre pour mettre
leur eau. Il se faut bien donner garde de leur

donner à boire en aucun vaisseau d'airain ou
de cuyvre : parce que ces deux espèces de
métaux sont vénéneuses de leur nature, et
font tourner et empunaisir soubdainement
l'eau, qui leur serait grandement contraire.

« Il est aussi nécessaire d'avoir de petits
baquetz de bois pour mettre leur pain, qui
doibt estre rompu et descoupé par petits lop-
pins dedans, parce que les chiens sont aucunes fois desgoustez et malades : aussi qu'il
y ha certaines heures qu'ilz ne veulent manger, qui est la cause que les baquetz ne doibvent estre sans pain comme nous l'avons mis
au pourtraict ci-dessus (fig. 1) ».

§ II

LES CHENILS MODERNES

Nous allons passer maintenant aux auteurs-
chasseurs modernes et voir ce que l'expérience leur a appris à propos de l'installation
des chenils.

« Le Chenil, dit Elzéar Blaze (1), sera placé
dans un endroit sec, aéré, exposé au levant,
jamais au midi : pendant l'été, la chaleur y
serait trop grande, et l'odeur deviendrait in-
supportable. Plusieurs chambres au rez-de-
chaussée serviront de logement à vos chiens;
elles seront proportionnées au nombre d'animaux que vous voulez avoir. Je dis plusieurs

---

(1) Le chasseur au chien courant, 2 vol., Paris 1851,
1er vol., page 115.

chambres, car il faut pouvoir séparer les
chiens que l'on soupçonne atteints de maladies contagieuses, les lices qui deviennent en
chaleur et celles qui sont en gésine. Ces chambres doivent avoir entrée sur une cour bien
fermée, pavée en pente, pour qu'elle puisse
être nettoyée par quelques seaux d'eau.
Toutes les portes devront s'ouvrir en dehors
pour que les chiens ne se blessent pas en se
précipitant tous ensemble pour sortir.

« Les chambres seront plancheyées, et, par
dessus le bois vous aurez le soin de mettre
une couche de mâchefer ou de charbon d'environ un pied d'épaisseur, pour empêcher l'humidité. Les murs du chenil devront être bien
crépis, et réparés toutes les fois qu'il s'y for-
mera des crevasses. Les chiens coucheront
sur des planches de chêne disposées autour
de la chambre comme des bancs ; elles auront
au moins trois pieds de large et deux pouces
d'épaisseur et seront placées à six pouces du
sol. Quelques personnes les posent à un pied
de hauteur ; mais il arrive souvent que les
chiens, fatigués au retour de la chasse, n'ont
pas la force d'y monter, et se blessent en
tombant.

« Ces planches, couvertes d'une bonne litière ou paille de seigle, seront garnies d'un
rebord en bois pour empêcher les chiens de
glisser en dormant. Elles doivent être construites de manière qu'on puisse à volonté les
relever, les accrocher au mur et balayer tout
ce qui se trouve au dessous. Il faut que chaque

jour les bancs soient nettoyés en tous sens pour empêcher les cloportes, la vermine, les bêtes de toute espèce d'y faire élection de domicile. Vous ferez placer le long du mur une planche de chêne en forme de lambris; elle garantira vos chiens de l'humidité de la muraille; cette précaution est indispensable pour empêcher les rhumatismes.

« Dans la chambre principale, vous placerez un poêle, ou mieux encore une grande cheminée entourée d'un treillage en fer. Lorsque les chiens reviendront de la chasse mouillés, harassés de fatigue, vous mettrez quelques fagots au feu et vous ferez former le cercle à vos animaux pour que chacun reçoive sa part de chaleur. Quand ils seront bien secs, on les bouchonnera; cette friction, complétant l'effet produit par le feu, rétablira promptement la circulation, et puis vous terminerez la journée en leur donnant la soupe. Si vous laissiez vos chiens se coucher tout mouillés, vous en trouveriez plusieurs le lendemain qui seraient malades; car, ayant le sang échauffé par une longue course, le froid a plus d'action sur eux. C'est comme une belle demoiselle qui sort du bal, elle a besoin d'un bon manteau pour éviter la fluxion de poitrine.

« Si, par économie, vous préférez mettre un poêle dans votre chenil, son tuyau pourra traverser le logement du valet de chien qui doit toujours être au premier étage. Une ouverture appelée *judas* sera pratiquée entre deux solives pour que l'homme puisse surveiller les bêtes et mettre le holà quand ce sera nécessaire. Semblable à Eole, votre valet de chiens doit dominer cette race turbulente, et la faire taire d'un mot ou d'un coup de fouet.

« Au-dessus de la chambre où règne notre Eole en livrée, on place un grenier pour renfermer la paille de seigle qui doit être renouvelée tous les trois jours. Dans les chenils appartenant aux grands seigneurs de l'aristocratie ou de la finance, il existe un four, une boulangerie, un grenier à farine, de manière que, sans sortir des bâtiments consacrés au chenil, les gens préposés à la surveillance des chiens, trouvent tout ce qui leur est nécessaire.

« Chacun, au reste, arrange le logement de ses chiens suivant sa fortune, la forme de sa maison, le terrain dont il peut disposer, et le nombre d'animaux qu'il veut avoir. L'essentiel est que les chiens soient tenus très proprement, qu'ils couchent sur des planchers couverts de paille, qu'ils aient de l'air, de l'eau, du soleil à discrétion ; le reste ensuite dépend des goûts et surtout de l'argent qu'on peut dépenser pour les satisfaire.

« Dans le chenil, les chiens doivent être libres ; il faut que, suivant leur volonté, ils puissent rester couchés sur le plancher, ou se promener dans la cour. C'est une chose singulière que la faculté dormitive que possède le chien. Ce mot n'est pas français, mais puisque Molière l'a latinisé, je ne vois pas pourquoi je ne le franciserais pas. Un chien dort huit jours, quinze jours de suite ; il prend du repos pour la fatigue à venir ; c'est dommage que nous ne puissions pas faire comme le chien. Au reste, tout est pour le mieux dans le meilleur des mondes possibles, car si nous pouvions escompter à l'avance certaines fatigues, certains plaisirs, nous mangerions dans un seul repas tout notre blé en herbe, il ne nous resterait rien à moissonner. »

Les amateurs anglais, qui s'occupent avec passion, mais non avec désintéressement, de l'élevage des chiens, ont de nombreux traités d'élevages rédigés par des auteurs des plus compétents ; un des plus en renom est Stonehenge qui a publié, entre autres, deux ouvrages remarquables : Le premier est intitulé (nous traduisons) : *Le Chien en santé et malade, comprenant les différents modes de dressage et d'utilisation pour la chasse, les coursings*, etc., publié à Londres en 1859, réédité en 1867, in-8° ; l'autre : « *Le Lévrier anglais en 1864* » qui est une deuxième édition d'un traité sur l'élevage, le dressage, l'entraînement des lévriers anglais, leurs maladies et traitements. Londres 1865, réédité en 1869, in-8°.

Voici les conseils que donne Stonehenge pour l'établissement d'un chenil hygiénique et salubre pour une meute de chiens courants :

Lorsqu'on construira le chenil, on devra retirer la terre du sol des pièces jusqu'à la profondeur d'un pied et on la remplacera par des cailloux ou du balast bien tassé, sur lequel on établira un plancher de briques ou de carreaux bien compacts, non poreux, et bien joints avec du ciment, ce qui est préférable. Au pied des murs du bâtiment et en dehors, on aménagera un fossé de trois pieds de profondeur au fond duquel sera placé un drain de cinq à six pouces d'ouverture et que l'on recouvrira de balast. Ce drain fera le tour du

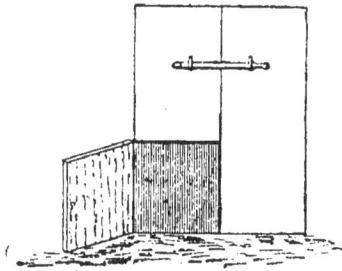

Fig. 2.

bàtiment et débouchera dans un égout principal.

La couverture la meilleure pour les bâtiments du chenil, c'est la couverture en paille, bien préférable aux tuiles, parce qu'elle conserve mieux la chaleur en hiver et la fraîcheur en été ; mais comme les tuiles et les ardoises sont plus agréables à l'œil, on pourra les placer sur une couche de joncs.

En arrière des bâtiments des chiens, seront placés : la cuisine, la cour-réfectoire et des loges isolées pour les lices pleines ou les chiens malades. En avant de ces mêmes logements et s'étendant sur toute la facade, sera

disposé un large préau fermé par des murs eu
une palissade. Les premiers sont préférables,
quoique plus coûteux, parce que les chiens,
pouvant voir à travers la palissade, sont constamment excités par les objets extérieurs et
les passants, bêtes et gens, et ce sont surtout

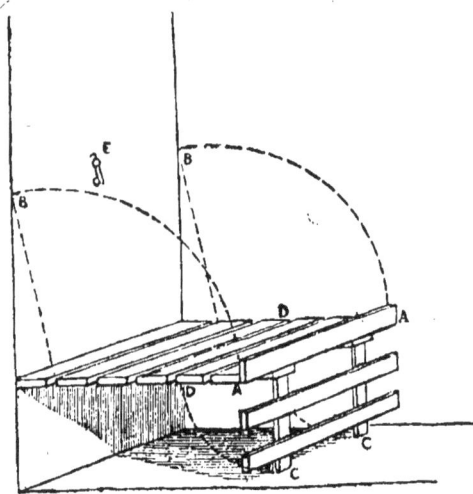

Fig. 3.

les jeunes chiens qui en sont impressionnés et
qui deviennent bruyants et agités. Dans un
des angles de ce préau, on établira un bassin
large et peu profond, à eau facilement renouvelable, où les chiens puissent se baigner
commodément.

La cuisine sera munie de deux chaudrons
en fonte : l'un pour les farineux, l'autre pour
la viande ; et elle devra être pourvue d'eau en

abondance pour la préparation de la nourriture, pour la boisson et pour les nettoyages.

Chaque chambre du chenil devra avoir deux
portes, l'une sur le derrière, percée d'un vasis-

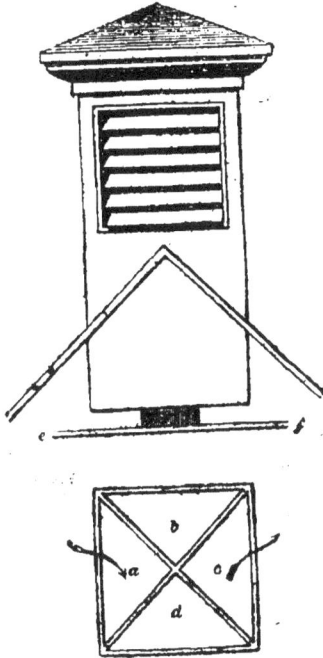

Fig. 4.

tas à hauteur d'homme, par lequel le valet
pourra observer ce qui se passe à l'intérieur;
l'autre sur le devant avec un huisset ou large
ouverture dans le bas (fig. 2), par où les chiens
pourront sortir et rentrer à volonté et qui
pourra être tenue fermée au besoin par un
panneau à coulisse. Les diverses chambres

devront, en outre, communiquer entre elles par des portes qui en permettront en même temps l'aération.

Les bancs servant de couchettes aux chiens et qui seront établis sur tout le pourtour des chambres, seront à claire-voie et faits en lattes de sapin, épaisses d'un pouce et larges de trois, clouées sur deux fortes traverses fixées par des charnières à un fort liteau adhérent au mur, et à un pied environ du sol; en avant sera une pièce de bois formant rebord, destinée à empêcher la paille de se répandre. Le banc sera soutenu en avant par des pieds à charnière reliés aussi par des lattes semblables aux précédentes et empêchant le chien de se glisser sous le banc. Ainsi disposé, ce banc peut se replier sur lui-même et contre le mur, ce qui permet de nettoyer facilement dessous (fig. 3).

Le renouvellement de l'air des chambres du chenil se fera au moyen d'un appareil de ventilation semblable à celui que l'on place sur les étables et les écuries bien construites, qui est semblable à une large cheminée en bois recouverte d'un petit toit, et dont les faces sont percées de larges ouvertures protégées contre la pluie, la neige et la grêle, par des sortes de jalousies (fig. 4).

Dans son livre sur *Les lévriers anglais*, Stonehenge donne le plan d'un chenil de forme spéciale, destiné à l'élevage des jeunes chiens de cette espèce et pouvant convenir aussi bien pour les chiens d'arrêt. Ce chenil

Fig. 5.

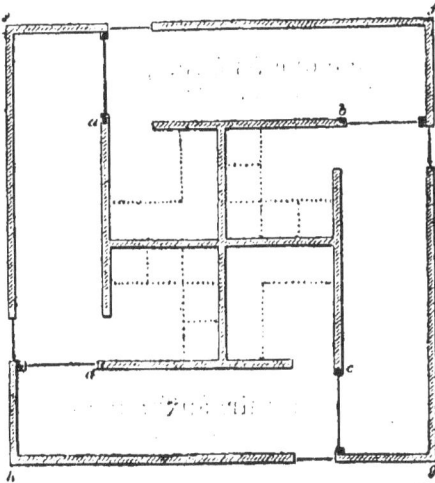

Fig. 6.

est parfaitement disposé pour éviter les courants d'air, même lorsque les portes restent

ouvertes, et pour fournir un air parfaitement sain. Voici le plan de ce chenil et son élévation (fig. 5 et 6) :

Il est divisé en quatre chambres s'adossant, s'ouvrant chacune sur une petite cour-promenoir spéciale couverte et fermée d'un petit mur surmonté de palissades ou d'un grillage montant jusqu'au toit. Les jeunes chiens peuvent s'y ébattre et s'y poursuivre. Le sol des chambres, qui est en pente pour l'écoulement facile des liquides, est fait aussi en briques cimentées ou en ciment parfaitement imperméable et élevé d'un pied au-dessus du niveau du terrain avoisinant. Chaque chambre et chaque petite cour est pourvue d'un petit canal d'écoulement couvert. Chaque chambre est aussi munie d'une fenêtre, placée assez haut pour que le chien ne puisse l'atteindre, et la pièce communique en haut à un appareil de ventilation commun aux quatre chambres (fig. 4).

L'exposition du chenil doit être sèche et chaude, entre le sud et l'est, par exemple, et, si l'on peut disposer de grands arbres touffus donnant de l'ombrage, ce ne sera que mieux.

Nous allons revenir aux auteurs français de nos jours où nous trouvons d'excellentes indications pour la construction des chenils

Dans son *Manuel de Vénerie française* (1), M. Le Couteulx de Canteleux donne le plan d'un

(1) Paris, librairie Hachette, 1890.

chenil pour petit équipage de 20 à 25 chiens
(fig. 7) et le plan d'un chenil pour grand équipage de 60 à 100 chiens (fig. 8) ; nous les re-
produisons d'après cet ouvrage ; ces plans
tiendront lieu d'une description détaillée. Au
point de vue de leur hygiène, voici les pres-
criptions de cet auteur :

« Une extrême propreté est indispensable
dans un chenil et jamais un piqueur sale de
sa nature n'aura de chiens dans un état convenable.

« Il ne faut jamais de ruisseau ou d'eau courante dans un chenil, surtout si elle est sans
profondeur, parce que les chiens s'y couche-
raient en ayant chaud et attraperaient des
fluxions de poitrine et des rhumatismes.

(Comme on voit, M. Le Couteulx de Gaute-
leux est en contradiction avec Jacques du
Fouilloux.)

« La meilleure exposition d'un chenil est
l'Est ou le Sud. Le chien ne craint pas la chaleur, ou plutôt elle ne lui fait jamais de mal
quand il est au repos ; mais il craint beaucoup
le froid, surtout le vent froid et humide qui le
rend souvent malade.

« Le chenil ne doit pas être situé dans un
bas-fond, dans un endroit humide et maréca-
geux, mais autant que possible dans un endroit un peu élevé et sec, à l'abri des
vents du Nord. Le bâtiment ne sera jamais
construit en terre, car il deviendrait le séjour
de tous les insectes et bêtes malfaisantes, mais
bien en pierres, briques, ciment, plâtre. etc.,

2

et, comme grandeur, il sera proportionné au nombre des chiens. Les fenêtres seront assez hautes pour que les chiens ne puissent pas y sauter, et, d'ailleurs, il vaut mieux qu'il y en ait peu et de très petites, seulement pour donner de l'air.

« Les bancs en bois où coucheront les chiens ne devront pas être pleins, à planches jointoyées ; toutefois, les intervalles laissés entre les planches devront être assez étroits pour que les doigts d'un chien ne puissent jamais s'y prendre. Ils devront être élevés seulement de 20 à 25 centimètres au-dessus du sol avec un léger rebord pour que la paille ne puisse tomber. Le plafond ne sera pas trop élevé, afin que les chiens n'aient pas trop froid en hiver ; 2 m. 50 à 3 mètres sont suffisants. Il est bon que la porte ait un huisset pour que les chiens puissent sortir et rentrer lorsque la porte est fermée pendant les mauvais temps. Il faut que les bancs soient à charnières afin qu'on puisse les relever pour laver et nettoyer dessous.

« Le sol de la cour du chenil ne devra être ni en terre, ni en sable, mais bien en briques ou béton, avec rainures, ou en pavés plats et rayés ; autrement, le sol s'imprégnerait des mauvaises odeurs ; en outre, les cours en briques ont l'avantage de durcir beaucoup le pied du chien et de le rendre beaucoup plus résistant et insensible aux cailloux, ronces et épines. D'ailleurs, comme il faut constamment laver les cours, il est indispensable qu'elles soient dallées d'une façon quelconque ; mais

CHENIL POUR PETIT ÉQUIPAGE
de 16 à 25 chiens.

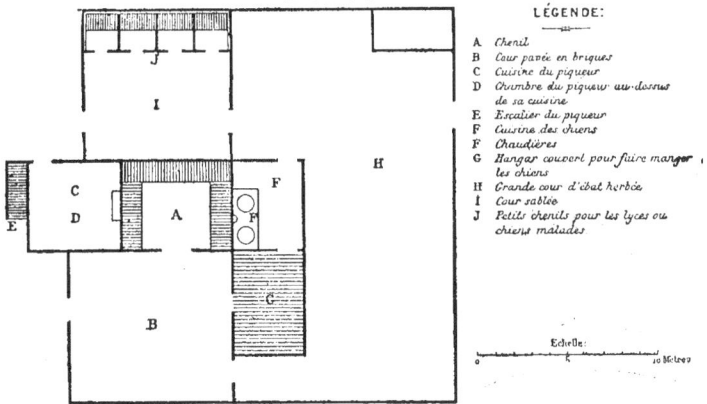

LÉGENDE:

A   Chenil
B   Cour pavée en briques
C   Cuisine du piqueur
D   Chambre du piqueur au-dessus
    de sa cuisine
E   Escalier du piqueur
F   Cuisine des chiens
F   Chaudières
G   Hangar couvert pour faire manger
    les chiens
H   Grande cour d'ébat herbée
I   Cour sablée
J   Petits chenils pour les lyces ou
    chiens malades

J

I

C
D
E

A

F
F

H

G

B

Echelle.

0   5   10 Mètres

Fig. 7.

CHENIL POUR GRAND ÉQUIPAGE
de 60 à 100 chiens.

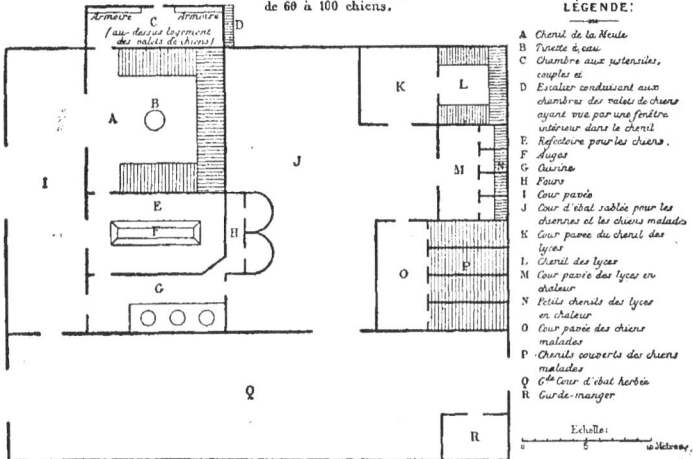

FIG. 8.

LÉGENDE:

A   Chenil de la Meute
B   Truite à eau
C   Chambre aux ustensiles,
    couples et
D   Escalier conduisant aux
    chambres des valets de chiens
    ayant vue par une fenêtre
    intérieur dans le chenil
E   Réfectoire pour les chiens.
F   Auges
G   Cuisine
H   Fours
I   Cour pavée
J   Cour d'ébat sablée pour les
    chiennes et les chiens malades
K   Cour pavée du chenil des
    lyces
L   Chenil des lyces
M   Cour pavée des lyces en
    chaleur
N   Petits chenils des lyces
    en chaleur
O   Cour pavée des chiens
    malades
P   Chenils couverts des chiens
    malades
Q   G.de Cour d'ébat herbée
R   Garde-manger

Échelle:

il faut, autant que possible, avoir une autre
cour d'ébats en herbe, où on puisse lâcher les
chiens tous les jours pendant un certain
temps.

« L'habitude de la Vendée d'avoir, dans les
cours des chenils, une espèce de belvédère où
les chiens montent pour se mettre au bon air
et voir de loin, est, je crois, une assez bonne
chose qui les égaie et les distrait; mais il faut
qu'il soit bien fait afin que les chiens ne puissent pas en tomber en jouant ou en se battant.

« Il est indispensable d'avoir de petits chenils séparés pour les chiennes en chaleur, les
chiens malades ou blessés, et il en faut un certain nombre. On aime beaucoup, en Angle-
terre où il y a de beaux chenils admirable-
ment aménagés, que la porte du chenil soit en
deux parties comme celle de nos étables, pour
donner de l'air d'abord, en laissant le haut
ouvert et, ensuite, pour sortir plus facilement
les chiens pour manger, le piqueur se tenant à
la porte qu'il tient avec son bras gauche pendant qu'il appelle les chiens et les désigne du
bras droit avec son fouet pour les faire sortir.
Je crois cette méthode assez bonne, cependant
je crois encore meilleur d'habituer, comme en
France, dans les chenils bien tenus, les chiens,
la porte étant tout ouverte, à rester sur les
bancs et à ne sortir qu'à l'appel de leur nom. »

Comme chenil bien aménagé pour une vingtaine de chiens de races différentes, chiens,
d'arrêt, de garde, bassets et terriers, nous
pouvons citer le chenil que M. Adelon avait

édifié à Avrainville (Seine-et-Oise), dont il a bien voulu nous donner le plan et faire la description.

Le grand défaut des chenils d'amateurs est de chercher à être pittoresque : on fait de jolies petites cabanes bien ombragées par des massifs touffus et, en peu de temps, les chiens, privés d'air, forcés d'être étendus les jours de pluie et dévorés par les insectes, deviennent rogneux et paralytiques. Pour bien loger et bien soigner les chiens, il faut simplement construire une petite maison. C'est ce qu'a fait le propriétaire en question, comme on peut le voir par le plan ci-contre, accompagné de son élévation (fig. 9).

La longueur totale du chenil est d'une trentaine de mètres sur une profondeur de 5 mètres. Il est divisé en chambres d'une longueur variable selon leur destination, mais n'ayant pas moins de quatre mètres sur cinq. Le plafond est à trois mètres du sol et est surmonté d'un vrai grenier. Le sol est cimenté avec double pente très raide amenant les eaux dans un ruisseau extérieur. Les murs sont blanchis fréquemment à la chaux. Tout autour sont des bancs de 1 m. 10 de large et à 0,40 centimètres du sol, à claire-voie (comme dans la fig. 3). On les lave chaque jour par parties que l'on relève pour les laisser sécher. La porte est percée d'une trape que l'on tient seule ouverte la nuit, et elle est garnie de chaque côté de rouleaux pour que les chiens, en sortant, ne se heurtent pas aux angles (fig. 10). Chaque

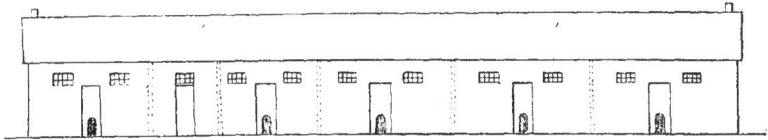

Echelle de 5 millimètres pour mètre

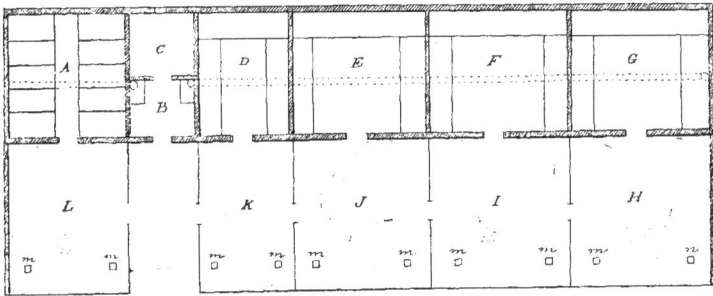

FIG. 9.

chambre est munie de deux fenêtres s'ouvrant de haut en bas (fig. 11) pour ne pas laisser l'air tomber directement sur les chiens.

Fɪɢ. 10.

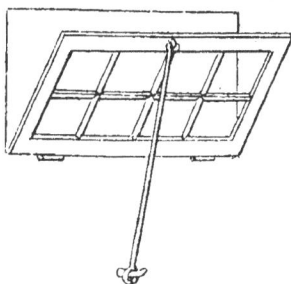

Fɪɢ. 11.

Le nettoyage des pièces est facile à faire au balai et à grande eau, chaque matin, et en y répandant ensuite de la sciure de bois qui absorbe l'humidité; de la sorte, elles sont promptement séchées.

Le plan (fig. 9) indique la distribution et la destination de chaque pièce. A l'extrémité du chenil est l'infirmerie comportant de chaque côté une série de casiers séparés par un couloir central; ils ont un mètre de large sur deux de long. A côté est la chambre du valet de chien, ayant un vasistas qui lui permet de voir et d'entendre ce qui s'y passe. De l'autre côté, et disposé de même, se trouve une chambre pour les chiennes en folie ou ayant des petits.

Le chenil est en plein soleil; il est vrai qu'il est situé sur un plateau et très aéré, ce qui empêche la chaleur d'être jamais excessive. Des bancs sont adossés aux murs dans les cours extérieures qui sont aussi grandes, et même plus, que les chambres intérieures. Le sol de ces cours est bétonné et strié de petites ravines se croisant et ayant leur pente vers le ruisseau qui se trouve le long du bâtiment.

La cour est entourée de grillages à simple torsion, de 2 m. 20 de haut; les montants sont en fer et le pourtour est cimenté pour empêcher les chiens de gratter. Des bornes sont disposées dans les coins des cours, contre lesquelles les chiens prennent l'habitude d'uriner et ne vont pas ailleurs.

Nous donnons le chenil de M. Adelon comme un modèle de simplicité et de bonnes dispositions; nous savons que les chiens s'y trouvaient parfaitement, y jouissaient d'une excel-

lente santé et que l'entretien et les soins y
étaient faciles. Il est évident qu'en le copiant
on pourra y apporter toutes les modifications
qu'on croira utiles. Ainsi, au lieu d'un grillage
à simple torsion qui entoure les cours, on
pourra faire usage de clôtures en baguettes de
fer et à sommet galbé, ou munis de rouleaux
empêchant les chiens de franchir les clôtures,
comme nous les montrons plus loin et qu'établit
M. Sohier. On pourra aussi faire avancer le
le toit du bâtiment en auvent de manière à
tenir à l'ombre, ou à l'abri de la pluie, les
chiens couchés pendant le jour sur les bancs
extérieurs, etc., etc.

Après avoir parlé de chenils pour grandes
meutes, pour petites meutes ou pour une
vingtaine de chiens d'espèces différentes, nous
allons parler des chenils pour quelques couples de chiens seulement et surtout pour
chiens d'arrêt.

Un chasseur au chien d'arrêt, à moins qu'il
en ait un certain nombre, a rarement un chenil. S'il n'a qu'un, deux et même trois chiens,
ils sont libres, vivent continuellement avec
lui et tout au plus couchent dans des niches
placées dans une cour bien abritée ou dans
une écurie spacieuse.

Mais, s'il a un certain nombre de pension-
naires, en élevage ou en dressage, les
chiens ne pourront être laissés en liberté,
sous peine, comme dit M. du Pontavice (1), de

---

(1) Du Pontavice. — *Les Chasses bien tenues*, Paris,
sans date.

dévaster les chasses voisines, de contracter de déplorables habitudes et d'être exposés, en outre, a des accidents. On devra donc leur faire construire des habitations, non luxueuses, mais aussi saines et aussi confortables que possible. Les maisonnettes ne seront pas de dimensions exagérées, mais les cours ne seront jamais trop spacieuses. On évitera l'humidité de l'intérieur par une construction soignée et celle de l'extérieur par une exposition au levant, bien à l'abri et sur un sol sec et élevé, où l'écoulement des eaux devra se faire rapidement.

L'auteur que nous venons de citer continue ainsi, dans son livre si pratique, la description d'un chenil bien compris pour chien d'arrêt :

« Les chenils de forme circulaire avec des cabanes rayonnantes au milieu, sont assez commodes parce qu'ils donnent la facilité de diviser les cours en autant de compartiments qu'on peut le désirer, généralement en quatre parties : pour les chiens d'arrêt adultes, pour les jeunes chiots après le sevrage, pour les lices en folie et pour les mises-bas. Le compartiment pour les lices en folie trouve plus difficilement sa place dans un chenil circulaire, car il doit être construit sur tout son pourtour et dans toute sa hauteur, en clôtures pleines, pour cause de sécurité d'abord et pour éviter ensuite, à certains moments, de la part de tous les mâtins du voisinage, une musique infernale et peu récréative.

« N'oublions pas, à ce propos de recomman-

der la plus grande surveillance et les plus mi-
nutieuses précautions pour la conservation
des lices en folie.

« Il faut à tout prix, dans un chenil bien
tenu, éviter les mésalliances et les accouplements prématurés ; avec la bonne volonté et
une sérieuse attention surtout, cela n'est pas
impossible.

« Pour construire un chenil, le moyen le
plus économique est de le placer, lorsque les
circonstances le permettent, en appentis contre un mur de clôture déjà existant ou adossé
à des bâtiments d'exploitation. Le sol des cabanes sera plus élevé que celui des cours,
puis cimenté avec une pente assez forte vers
la sortie, cette pente se continuant vers les
portes extérieures des cours cimentées pareil-
lement.

« Des lits de camp en planches mobiles
inclinées, placées à 30 ou 40 centimètres de
hauteur sur des supports, faciliteraient en
se relevant, le nettoyage à grande eau dessus et dessous et seront recouverts, pendant les grands froids, de bonne paille souvent renouvelée. En avant, une bordure en
planches retiendra la paille sur les lits et
retombant jusqu'à terre, empêchera les
chiens de se mettre à l'abri d'une correc-
tion méritée.

« Dans l'été, et en dehors des temps très
rudes, nous préférons voir les chiens adultes
coucher sur la planche même des lits de camp
ou rassemblés les uns contre les autres, ils

n'ont point à redouter les atteintes du froid, moins à redouter que la malpropreté et la vermine contenue dans une litière humide et sale.

« Comme clôture, d'une hauteur totale de

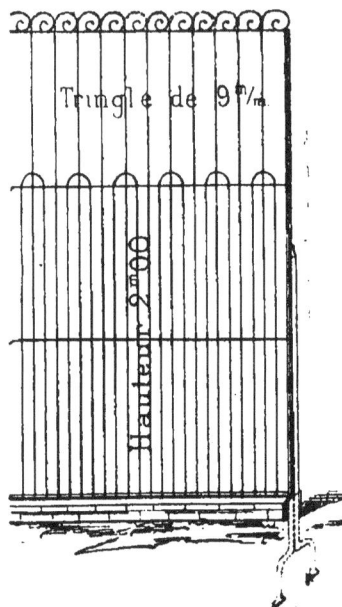

Tringle de 9 m/m.

Hauteur 2m00

FIG. 11.

1m80 à 1m90, nous conseillons le grillage mécanique à gros fil galvanisé et à mailles d'assez faibles dimensions pour ne pas permettre aux vieux chiens et même aux jeunes d'y introduire les pattes au risque de s'y blesser. Ces bandes de grillage métallique d'un bel effet, n'interceptent pas la vue des chiens; elles sont clouées solidement sur de bonnes traverses

soutenues en haut, de distance en distance,
par des montants qui les relient à un fort ma-
drier reposant en bas sur une bonne maçonnerie en pierre ou en briques. Des montants
et des traverses en fer sur lesquels on atta-
cherait ce grillage coûteraient plus cher, mais
serait préférables. »

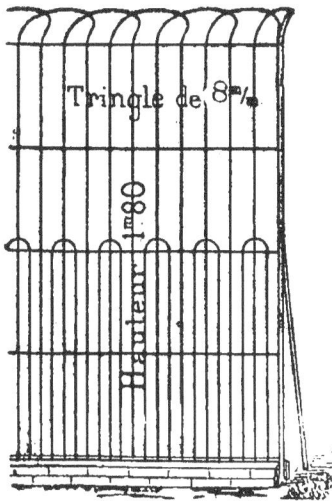

Fig. 12.

La recommandation d'employer un grillage
à petites mailles est prudente, car nous avons
vu, chez un éleveur de chiens d'arrêts, un étalon pointer de grand prix se blesser d'une manière très grave, avec cicatrice indélébile, un
membre qu'il avait introduit dans une maille
de grillage trop grande. Les mailles trop
petites ont aussi des inconvénients : ainsi
nous avons été témoin de l'arrachement d'un

ongle chez un chien qui avait introduit le doigt dans une de ces mailles.

Il faut en outre que le fil du grillage soit aussi d'une certaine force, car, trop faible, il est vite rompu par la dent des chiens.

On évite tous ces accidents en employant, au lieu de grillage, des clôtures en baguettes ou

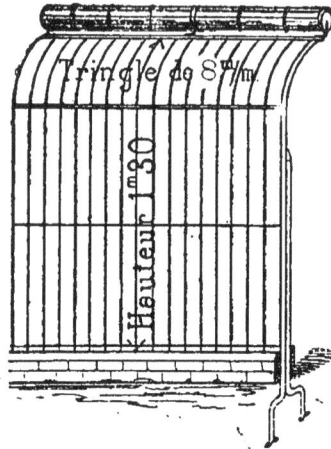

FIG. 13.

tringles comme elles sont représentées dans les figures ci-devant et comme les établit la maison Sohier. Ces clôtures, très élégantes, se terminent, soit en volutes, comme dans la figure 11, soit en anses galbées, comme dans la figure 12, soit par des rouleaux mobiles, comme dans la figure 13, qui représente le système en usage aux chenils du jardin d'Acclimatation, soit à rouleaux immobiles comme dans le préau pour jeunes chiens, représenté à la figure 16. Avec ces trois derniers modèles,

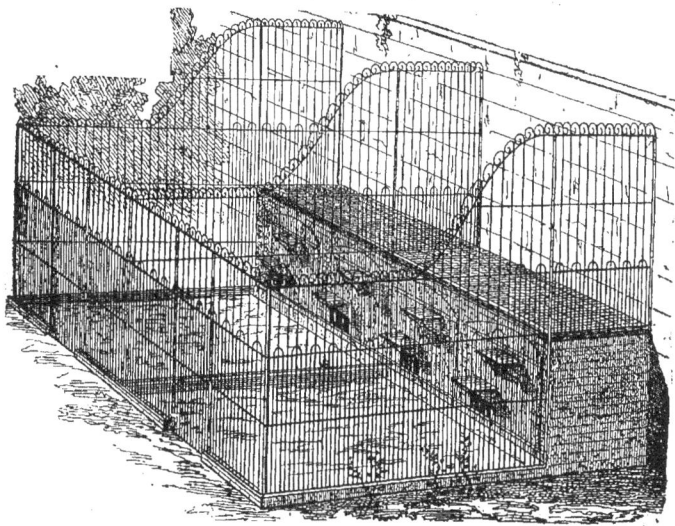

FIG. 14.

Fig. 15.

Fig. 16.

il n'est pas nécessaire que les clôtures soient aussi hautes, parce que la forme galbée et les rouleaux surtout, empêcheront les chiens de franchir ces clôtures en les forçant toujours de retomber en dedans ; 1ᵐ80 de hauteur suffit pour les hauteurs galbées et 1ᵐ30 pour les clôtures à rouleaux mobiles. Ce genre de clôture n'est guère plus cher que la clôture en treillage et est beaucoup plus élégante et plus hygiénique.

La figure 14 représente un chenil à belvédère comme ceux qui existent au jardin d'Acclimation. De leur loge, et au moyen de gradins qui existent sur le devant, les chiens peuvent monter sur les toits en terrasses cimentées qui les recouvrent. Ce chenil est à trois compartiments.

La figure 15 représente un chenil à trois cabanes unies, en maçonnerie et à cour commune.

Quand la cour n'est pas très vaste, il est utile, pour les jeunes chiens surtout, de pouvoir disposer d'un préau clôturé comme la fig. 16 en représente un. L'exercice, les parties de barres auxquelles se livrent les jeunes chiens sur une pelouse et par le beau temps sont indispensables à leur santé et à leur développement normal. Si la pelouse est clôturée comme dans la figure 16, on économise un surveillant qui, sans cela, serait indispensable pour éviter les fugues et les accidents si fréquents chez les jeunes chiens livrés à eux-mêmes.

Comme exemple d'un petit chenil installé

très hygiéniquement, surtout pour les provinces méridionales, nous signalerons le *Chenil du Clos-Oswald* (Var), à M. Bérenguier, dont nous donnons la description, d'après lui.

Le chenil se compose, comme la photographie l'indique, de deux loges sous un même toit, donnant chacune sur un préau particulier (fig. 17).

La petite construction, en forme de chalet, qui contient les deux loges, mesure 4ᵐ20 de large sur 3ᵐ50 de haut et 1ᵐ70 de profondeur.

La construction a été faite comme il suit :

Une fouille de 4ᵐ20 sur 1ᵐ70 de côté, foncée à 1ᵐ50 de profondeur, fut garnie :

1° D'un empierrement à sec de 1 mètre d'épaisseur.

2° D'un béton grossier à la chaux hydraulique de 0ᵐ25.

3° D'une couche de mâchefer de 0ᵐ10.

4° D'un glacis au ciment de 0ᵐ12.

5° D'un pavage en moellons de briques 0ᵐ25/0ᵐ25/0ᵐ03 posées au ciment.

Le pavé est fortement incliné vers les portes.

Les murailles, ainsi que la division intérieure, de 1ᵐ80 de haut, partageant le chalet en deux compartiments (1), sont construites en briques tubulaires posées à plat, au ciment.

Tous les enduits sont faits à l'intérieur au ciment poli, à l'extérieur au ciment grainé.

_____

(1) La cloison divisoire laisse ainsi libre toute la partie du sous-toit afin d'obtenir une abondante circulation d'air.

Fig. 17. — Chenil-Chalet de M. Bérenguier, d'après une photographie.

La toiture a deux pentes en tuiles plates de Saint-Henri, près Marseille, et à accrochements. Elle affecte un montage particulier donnant les meilleurs résultats contre le froid et contre la chaleur.

Elle comprend :

Des chevrons espacés de 0m15 et placés en longueur, suivant la pente.

Ces chevrons supportent des briques minces jointives sur lesquelles les tuiles plates ont été scellées à plein mortier de chaux hydraulique.

L'intérieur de la toiture est plafonnée au ciment poli.

La toiture déborde tout le pourtour des murailles de 0m45.

Deux ouvertures sont pratiquées dans les pignons, celle de l'ouest est grillagée fin contre les mouches et munie en outre d'un volet plein intérieur.

L'ouverture de l'est, en façade, est simplement vitrée.

Chaque compartiment est muni sur sa façade, d'une grande porte à un battant, 0m75 sur 1m80.

Ce battant est divisé en deux parties.

La supérieure comportant un chassis grillagé fin contre les mouches, 0m70 sur 0m65, et un auvent mobile verticalement, sur charnières, pouvant, soit se rabattre pour fermer le chassis, soit être maintenu incliné à 45 degrés au moyen de deux longs crochets.

Dans la partie inférieure du battant, est

pratiquée une ouverture de 0ᵐ30 sur 0ᵐ45 et à 0ᵐ25 au-dessus du pavé pour le passage des chiens.

Cette ouverture se ferme à coulisse, à volonté.

Chaque compartiment est muni d'un *lit de camp* mobile, faisant face à la porte.

Il est fait en planches jointives épaisses ; trois places, sur chaque lit de camp, sont préservées par de larges écrans de bois ; enfin, un rebord de 0ᵐ10 règne sur le devant ainsi qu'un lambris sur les côtés et le derrière.

Le lit mesure 0ᵐ50 de large, il est placé à 0ᵐ25 au-dessus du pavé. — Les chiens, hiver comme été, couchent sur la *planche nue.*

Au devant du chenil se trouve un enclos grillagé, divisé en deux parties communiquant entre elles, à volonté, par une porte grillagée (*préaux*).

La clôture est ainsi établie :

1° Muraillette de fondation 1 mètre de profondeur, 0ᵐ25 de large.

2° Briques épaisses de 0ᵐ05, alignées suivant leur largeur et placées au ciment.

L'épaisseur des briques formant banquette dépasse juste le sol.

Sur cette banquette sont scellés profondément au ciment, à certains intervalles, des poteaux en fer à T, dont les ailes forment feuillure, pour recevoir les cadres grillagés boulonnés sur les fers à T au moyen de petites équerres.

La hauteur de la clôture est de 1ᵐ50. .

Le grillage est fait à la main, sur chaque cadre, avec du fil de fer galvanisé n° 15, mailles de 30 millim. Chaque préau muni de

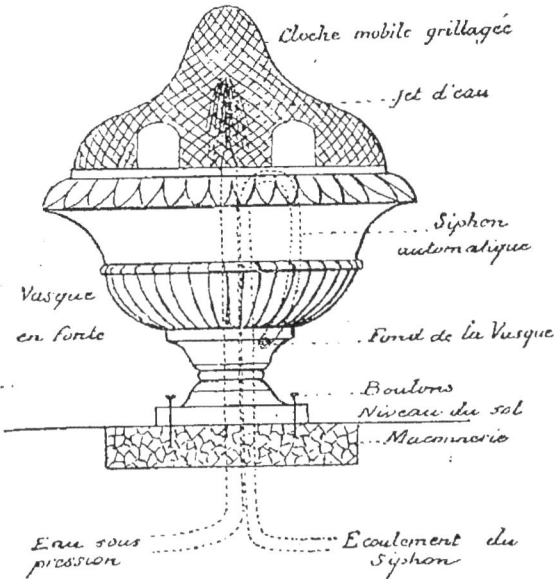

FIG. 18. — Abreuvoirs pour chiens.

sa porte grillagée en façade mesure 5 mètres de côté.

Abreuvoirs (fig. 18). — Après bien des essais, je me suis arrêté à la disposition suivante :

L'eau de source est captée directement sous plomb, du rocher vif au chenil.

Comme conque d'abreuvoir, j'emploie des vases en fonte pour jardin, grand format ; *l'intérieur des vases n'est pas peint*, de façon à obtenir *une bonne couche de rouille* à l'usage.

Par le vide existant dans le socle du vase passent les deux tuyaux d'arrivée et de vidange.

Le tuyau d'arrivée porte l'ajutage d'un petit jet d'eau. Le tuyau de vidange forme siphon automatique et son calibre est calculé de façon à vider rapidement et ENTIÈREMENT la conque dès qu'elle menace d'être rase. Inutile d'ajouter que la vidange s'opère sous plomb et en dehors des préaux.

Chaque conque porte un dôme mobile grillagé fin, avec deux ouverture permettant aux chiens de s'abreuver, mais pas plus.

Avec ce système :

J'obtiens de l'eau très pure, légèrement ferrugineuse et très aérée par le jet d'eau. Les feuilles et autres ordures ne peuvent la souiller et son renouvellement continu donne toute garantie, grâce à la canalisation, contre tous germes possibles.

Exposition. — Les préaux et la façade du chenil sont orientés plein est, un gros chêne liège, compris dans chaque préau, l'ombrage, ainsi qu'une partie de la toiture du chenil.

Soins d'hygiène. — Tous les matins, sans exception, préaux et loges sont balayés avec soin ; murs et lits de camp lavés à grande eau à la manche d'arrosage ; enfin, chaque samedi, ce lavage est suivi d'un badigeonnage complet à la solution de sublimé.

Repas. — Les repas sont servis dans de grands récipients formés d'un seul morceau de liège brut qui est chaque fois échaudé.

Je trouve de grands avantages à me servir de ces récipients, malgré leur forme irrégulière et incommode.

Les chiens ne peuvent s'y blesser, ils ne conservent aucune mauvaise odeur et, plongés après chaque repas dans l'eau bouillante, ils sont radicalement nets.

Tel est l'ensemble de mon petit chenil, uniquement réservé à mes trois couples de bassets, toujours séparés par *sexe*, trois mâles d'un côté, trois femelles de l'autre, n'importe quelle époque — sauf en chasse — chiens et chiennes sont toujours rigoureusement séparés, et j'ai remarqué que j'obtenais ainsi une obéissance véritablement passive.

Pour la reproduction, la mise bas, les chiens d'amis ou de relais, j'emploie un autre local.

Nous avons dit que les chasseurs au chien d'arrêt ont rarement des chenils organisés comme ceux qui possèdent des chiens courants ou ceux qui en élèvent un nombre plus ou moins considérable : le plus souvent leurs chiens sont logés dans des niches en bois, individuelles, placées, soit sous un hangar, soit dans une écurie.

Les chiens de garde ont aussi pour habitation une niche placée dans la cour, plus ou moins loin de la porte qu'ils sont appelés à défendre.

Tout le monde connaît les niches à chiens

4

qui ont la forme d'une petite maison formée de
sept planches assemblées, avec une seule
ouverture en forme de porte percée à une des

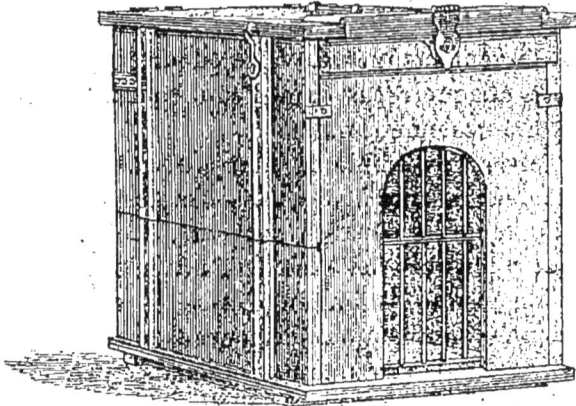

Fig. 19. — Niche démontable Bouchereau.

extrémités. Un bon tonneau muni d'un plancher et dont un fond est percé d'une porte,
constitue aussi une excellente niche à chiens.

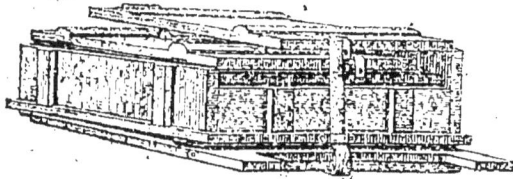

Fig. 20. — La même niche démontée.

Les niches en bois sont certainement bien
supérieures, au point de vue hygiénique, aux
niches fixes bâties en briques ou en pierre;
elles sont beaucoup moins froides, — ce qui est

à considérer quand il s'agit de loger des chiens
à poil ras, comme des braques ou des pointers,
si sujets aux affections rhumatismales, —
et elles sont plus faciles à désinfecter, surtout
quand elles sont construites sur le modèle
des niches démontables. Au besoin, quand il
s'agit d'une grave épidémie qui aurait régné
dans le chenil et dont on tient à détruire tous
les germes microbiens, on peut brûler entièrement les niches, quitte à les remplacer par
des neuves. Mais si elles sont entièrement
démontables, on n'a pas besoin de recourir
à cette extrémité : toutes les planches qui
constituent la niche, étant isolées, on peut
facilement les passer à l'eau bouillante l'une
après l'autre, ou les laver parfaitement avec
un liquide désinfectant, comme nous l'indi-
querons plus loin.

Comme modèle de niche démontable, nous
pouvons signaler la niche dont nous donnons
la figure ci-contre (fig. 19) et due à M. Bouchereau. Elle a été construite surtout pour le
transport des chiens en chemin de fer et peut
être retournée à l'expéditeur sous forme d'un
paquet de planches d'un volume très réduit,
comme l'indique la figure 20.

Cette niche pourrait facilement rester toute
montée sous un hangar, dans un chenil couvert, ou dans une écurie et servir comme toute
autre niche ordinaire; elle offrirait l'avantage
de pouvoir, en se démontant, être désinfectée
à fond et parfaitement. .

Pour en terminer avec les niches, nous si-

gnalerons encore une niche très employée de
l'autre côté du détroit et destinée surtout aux
chiens de garde (fig. 21), comme on voit, elle
peut facilement s'aérer, et le chien rester dehors, à l'ombre et préservé de l'humidité du
sol par le moyen du banc à claire-voie placé
dehors et qui lui est adjoint.

Fig. 21. — Niche anglaise pour chiens de garde.

CHAPITRE II

Pansage. — La première opération du piqueur, le matin, est de faire lever les chiens, —
certains auteurs cynégétiques recommandent
de le faire à son de trompe, — de les faire sortir dans la cour et de procéder à leur pansage.
Les chiens s'habituent facilement à cette opération et même la recherchent : ils viennent
d'eux-mêmes se placer, les pattes de devant
sur un billot *ad hoc*, les uns après les autres,
et le piqueur armé d'une brosse de chiendent,
dite *bouchon de cavalerie*, les brosse sur tout le
corps, toujours dans la direction des poils. S'il
trouve des tiques plantées dans la peau, il les
enlèvera, ou plutôt, pour éviter la douleur que
leur extirpation cause au chien, il les cou-
pera en deux avec de petits ciseaux, ou mieux,
il frictionnera la région où se trouve les parasites, avec un mélange d'huile et de benzine,
parties égales, qui les tue et les fait tomber.

Bains. — Les bains sont aussi très utiles
pour tenir la peau propre et les chiens de certaines races vont spontanément à l'eau; mais,

hors le cas de maladie, il ne faut jamais faire prendre de bains forcés aux chiens, surtout en grande eau ; le bain forcé est souvent tellement désagréable à certains chiens, que nous avons été témoins de plusieurs cas de jaunisse dus exclusivement à cette cause. Nous avons vu aussi des cas d'avortement survenir à la suite de bains froids, mais alors pris spontanément par des chiennes pleines, entre autres chez une magnifique chienne Grand-Danois, appartenant à une sommité médicale de Paris.

Soufrage. — Une bonne mesure que l'on prend régulièrement chaque mois, ou tout au moins chaque trimestre, dans certains équipages, c'est de passer tous les chiens à la fleur de soufre : on la fait arriver sur la peau en les frottant à rebrousse-poil avec la main contenant une certaine quantité de cette substance. C'est un excellent moyen pour détruire les insectes, pour prévenir leur pullulation et même pour guérir les rougeurs et certaines affections de la peau de nature psorique ou eczémateuses.

Exercice. — Le pansage terminé, et pendant que les chiens s'ébattent dans la cour, le piqueur s'occupera à faire leurs chambres, remuera la paille à la fourche, en mettra de nouvelle, balaiera le sol et même le lavera à grande eau et y répandra, après l'avoir essuyé, de la sciure de bois, afin de le faire sécher promptement, les chiens ne devant y rentrer que quand la chambre sera parfaitement sèche.

Aussi, dans les mauvais temps, et en hiver,
sera-t-il bon d'avoir une chambre libre lavée
de la veille et sèche, où l'on fera entrer les
chiens pendant que l'autre chambre séchera.

Au retour de la chasse, dans l'hiver, dit
M. du Pontavice, la pluie étant très froide,
lorsque les chiens arrivent crottés et mouillés
jusqu'au os, des frictions énergiques sur
toutes les parties du corps avec une vieille
pièce de grosse toile, ou avec un bouchon de
paille, peuvent leur éviter un refroidissement
et une maladie peut-être mortelle.

Promenades. — Chaque jour les chiens,
sous la conduite du piqueur, devront faire une
bonne promenade s'ils ne sont pas allés à la
chasse; l'exercice leur est absolument nécessaire pour entretenir leurs forces, leur souplesse et leur appétit. On l'a si bien compris
dans un chenil modèle que l'on vient d'instal-
ler à Genève pour y recevoir des chiens en
pension ou malades, que l'on a organisé un
local où l'on soumet au travail forcé les chiens
que l'on ne peut conduire en promenade, et
auxquels cependant la gymnastique est nécessaire. Ce travail forcé consiste à faire mou-
voir une roue, comme l'ancienne roue des
cloutiers, ou un grand tourniquet à écureuil;
les chiens y passent un temps plus ou moins
long.

Alimentation. — Une seul repas par jour
suffit aux chiens adultes; quant à sa composi-

tion, tous les auteurs cynégétiques sérieux
reconnaissent que la viande doit y entrer pour
une bonne part, et cependant, telle est la force
des préjugés, que le vulgaire croit encore que la
viande est nuisible aux chiens !! Depuis trente
ans nous le combattons, ce préjugé, et nous ne
sommes pas le seul. Voici ce que disait, il y a
cinquante ans, Elzéar Blaze sur la question de
la nourriture des chiens (1) :

« Il est essentiel que le pain des chiens soit
bon, bien fait et surtout bien cuit. Quelques
personnes se servent de farine d'avoine ou de
farine d'orge ; cette nourriture serait bonne de
temps en temps, mais je ne la crois pas assez
substantielle pour être donnée toujours. Je
préfère le seigle et le froment mélangés par
quantités égales, ou même le froment tout
pur. C'est un peu plus cher, il est vrai, mais
aussi la ration de chaque chien peut être
moindre, ce qui rétablira les choses au même
niveau. Une livre de pain de froment produira
tout autant d'effet qu'une livre et demie de
pain de seigle; ainsi faites votre calcul. Et puis,
lorsqu'on entretient une meute, on est riche,
on est passionné pour la chasse, on aime les
chiens et ce serait mal d'économiser sur la
nourriture de ces intéressants animaux, qui
procurent tant de délicieuses jouissances.

« On ne doit jamais donner aux chiens du
pain trop tendre, ni surtout du pain chaud.

---

(1) ELZÉAR BLAZE. — *Chasseur au chien courant*, Paris
1851, p. 120.

Les chiens doivent dévorer le pain qu'on leur jette ; du moment qu'ils s'amusent à jouer avec les restes, il est certain qu'ils en ont de trop, il faut diminuer la ration. *Aqua et panis vita canis*, dit un proverbe latin. C'est fort bien pour le déjeuner, ils se conteront d'un morceau de pain ; mais si le soir ils n'avaient pas autre chose, cela ne suffirait point ; ils ont besoin d'une nourriture plus forte et plus substantielle, surtout les jours de chasse.

ı« Si vous consultiez vos chiens sur la nourriture qui leur convient le mieux, ils vous diraient tous qu'ils veulent de la viande ; et, si ce n'était pas si cher, certainement je vous conseillerais de leur en donner ; mais il faut être fort riche pour se permettre cette dépense. Je connais des amateurs distingués qui nourrissent leurs chiens avec du cheval ; dans certaines localités cela coûte moins cher que le pain. Bien des chasseurs vous diront que cette nourriture est mauvaise ; ne les croyez pas ; j'ai vu de belles et bonnes meutes nourries de cette manière, et qui n'en étaient que plus vigoureuses. Il est vrai que les chiens ont les dents jaunes : leur gueule ne sent pas très bon, mais on est quitte pour ne pas les embrasser (1). Cependant, comme on ne peut pas

---

(1) Ici nous protestons contre cette assertion d'Elzéar Blaze : les chiens qui mangent de la viande ont les dents plus blanches et ont moins d'odeur que ceux qui n'en mangent pas. C'est même le moyen qui nous réussit le mieux pour nettoyer les dents des chiens et en enlever l'odeur, de leur donner des os à ronger, os après lesquels il y a encore de la viande, cuite ou crue.

se procurer partout du cheval, et que vos chiens
ne doivent pas rester au pain sec, il faut trouver un honnête juste-milieu. En achetant aux
bouchers ce qu'ils nomment des issues, en les
nettoyant plusieurs fois à grande eau, en les
faisant cuire dans une marmite, vous obtien-
drez un bouillon qui, mêlé ensuite avec le
pain, donne une bonne *mouée*. Vous y mettrez
du sel, un peu moins que si cette soupe devait
être mangée par des hommes. Cette nourriture
n'est pas succulente, mais vos chiens ne sont
pas chiens pour rien. (Les issues cuites et très
divisées doivent, bien entendu, rester dans la
soupe).

. . . .

« De quelque manière que soit préparée la
soupe de vos chiens, vous devez surveiller la
propreté des vases qui servent à la cuisson,
surtout s'ils sont en cuivre. Les auges dans
lesquelles mangent les chiens doivent être soi-
gneusement rincées avant les repas, et remplies
d'eau quand la soupe est mangée. Cette dernière précaution empêche les parcelles qui res-
teraient dans le fond de s'aigrir et de communiquer une mauvaise odeur à l'auge.

« La nourriture doit être proportionnée suivant le plus ou moins de travail que vous exi-
gez de vos chiens. Lorsqu'ils ne chassent pas,
vous devez diminuer la ration et l'augmenter
quand ils fatiguent beaucoup. Mais arrangez
les choses de manière qu'ils ne laissent jamais
rien ; sept ou huit minutes après qu'ils se
seront attablés, tout doit avoir disparu.

. . . .

« Règle générale : Il faut veiller scrupuleusement à ce qu'on ne donne jamais aux chiens
la soupe chaude ; les chiens courants sont si
voraces, qu'ils la mangeraient presque bouillante. Outre le mal d'estomac qui pourrait
en résulter, ils perdraient pour toujours la
finesse de leur odorat. Vous auriez des animaux inutiles, qui seraient tout au plus bons
à garder la porte d'une basse-cour. Vous voyez
de quelle importance est pour vous un bon
valet de chiens. Il doit être soigneux, exact,
sobre surtout, car s'il aime le cabaret, les
chiens s'en ressentiront quelques fois. Lorsqu'il entre au chenil il doit toujours avoir le
fouet à la main, et crier : *derrière, Miraut, derrière, Rustaut!* en ayant soin de nommer ceux
qui s'approcheront de lui. Chaque fois que l'on
parle aux chiens, il faut dire leur nom ; lorsqu'un coup de fouet est lancé, celui qui le
reçoit doit sentir et savoir que c'est pour lui.
On ne doit pas caresser les chiens courants
comme les chiens d'arrêt; s'ils vous appro-
chaient, s'ils vous sentaient, s'ils vous lé-
chaient, l'envie pourraient les prendre d'aller
plus avant, l'odeur de la chair fraîche les
pousserait au crime et vous deviendriez un
jour victime de votre popularité.

. . . .

« Les chiens ne doivent attaquer la soupe
qu'après que le valet en a donné la permis-
sion. Dans un chenil bien ordonné tout doit se
faire comme dans une caserne ; le soldat ne

mange la soupe qu'après le roulement du tam-
bour. Lorsque le valet de chiens a rempli les
auges, il crie : *Allons, mes beaux, allons, mes
toutous, au pain ! au pain !* et vous verrez que
ce commandement s'exécutera tout de suite
avec ensemble et précision. Un valet de chien
qui sait vivre, a soin de régaler sa meute de
quelques fanfares pendant le repas ; c'est un
plat de plus qui ne coûte pas cher. Il doit connaître ceux qui mangent trop vite, qui sont
querelleurs et ne permettent pas à d'autres le
libre accès de la table commune. Ceux-là doivent être retenus pendant quelques minutes ;
il ne faut leur permettre de commencer qu'au
moment où les autres ont à moitié fini. Par la
même raison le valet remarquera les chiens
timides; il les encouragera, les placera favo-
rablement à l'auge et les protégera le fouet à
la main. Les chiens courants sont voraces
comme des loups ; c'est vraiment prodigieux
tout ce qu'ils pourraient engloutir dans un
repas.

. . . .

« Les heures du déjeuner et du dîner seront
fixes et rien ne devra les faire avancer ni re-
culer. Seulement, les jours de chasse on don-
nera la soupe une demi-heure après la rentrée
au chenil, un peu plus tard si l'on veut, mais
jamais plus tôt. On voit des chiens si fatigués
après avoir chassé qu'ils ne peuvent pas manger. Le valet devra les connaître, il gardera
leur portion pour la leur donner quand ils seront reposés. Avant de présenter la mouée, le

valet bouchonnera les chiens ; s'il fait froid, cette opération se fera devant un bon feu de fagots vif et clair ; le lendemain on devra les éponger, les peigner, les nettoyer ; en les voyant il faut qu'on ne puisse pas croire qu'ils soient sortis du chenil.

« Vous devez fixer la ration de vos chiens et veiller à ce qu'on la leur donne. Cette ration devra varier selon la saison ; au printemps, on peut la diminuer pour l'augmenter plus tard, lorsque la chasse commencera. Un chasseur doit veiller à toutes ces choses ; de chacune d'elles dépendent la santé, la conservation d'une meute; et quels regrets n'auriez-vous pas, si vous perdiez vos plus beaux chiens par la négligence d'un valet. Vous devez faire pour vos chiens ce que fait pour son cheval un voyageur soigneux. S'il s'arrête dans une auberge, il restera dans l'écurie tout le temps que l'animal mangera l'avoine, il sait bien qu'en son absence on viendrait la reprendre. Souvent dans le même jour, le même picotin sert à dix chevaux différents. Un garçon d'écurie se confessait; après avoir débité son affaire, le prêtre le questionna :

« N'avez-vous jamais, lui dit-il, retiré l'avoine aux chevaux quand les maîtres étaient sortis ? — Mon Dieu, non, je n'aurais jamais deviné celui-là, mais soyez tranquille, à la première occasion je m'en souviendrai. »

Après les conseils que nous avons rapportés sur les soins et la nourriture à donner aux chiens courants, venant d'un chasseur prati-

cien doublé d'un écrivain émérite, comme
l'était Elzear Blaze, nous allons passer à ceux
que donne un autre chasseur-écrivain, que
nous avons déjà cité, M. du Pontavice, conseils ayant trait plus spécialement aux chiens
d'arrêt :

« La régularité des repas est essentielle ; le
chien, comme l'homme, jeune ou vieux, doit
manger à des heures plus ou moins rapprochées, suivant son âge. L'estomac et toutes
les règles de l'hygiène l'exigent, surtout chez
les jeunes, dont cet organe est encore peu
développé, partant peu résistant.

« A deux mois, sans cesser le régime lacté,
on commence celui de la viande cuite, en pâtée,
ou crue, hâchée par morceaux dans de très
petites proportions.

« Les chiens anglais surtout, élevés au
chenil et ne mangeant pas de viande, au
moins jusqu'à l'âge de dix-huit mois ou deux
ans, sont bien plus exposés que les chiens de
ferme, ou même que les chiens de chasse de
notre pays, à la maladie du jeune âge. Nous
ne voulons certes pas dire qu'il faille abuser
de la viande, mais nous sommes persuadé que
des chiens pris au sevrage, tenus bien proprement, jouissant d'une liberté relative, arrive-
ront avec ce régime, bien plus sûrement sans
encombre, à passer l'âge critique, que d'autres
soumis à une alimentation moins riche et si
peu convenable pour un animal essentiellement carnivore. Il suffit, du reste, d'examiner
les dents d'un chien pour se rendre compte

qu'elles ont été faites pour manger de la
viande. On objectera peut-être qu'à l'état sau-
vage, jadis, cet animal se nourrissait *forcément*
de la chair des animaux qu'il prenait à la
course ; c'est parfaitement exact, mais la
domesticité n'a pas changé ses organes. A de
rares exceptions près, pour notre compte,
nous préférons, pour nos fidèles compagnons,
la viande à toute autre nourriture. Les animaux qui en mangent sont accusés d'exhaler
une odeur désagréable. Ne faudrait-il pas
l'attribuer plutôt à la négligence dans le pansage ?

« La soupe de nos chiens est faite avec du
pain d'orge, du riz, de la viande et des légumes. Le garde qui est chargé de ce travail met
chaque soir à tremper, dans l'eau froide de la
chaudière, une mesure de riz, un litre environ, et une ration de viande de trois à quatre
livres pour une douzaine de chiens. Le lendemain matin de bonne heure, il allume son
fourneau, et, après avoir laissé bouillir pendant plusieurs heures, il ajoute des légumes,
des choux de préférence, ou des pommes de
terre ; puis il verse, après avoir pris soin d'y
ajouter une poignée de sel, le contenu de sa
chaudière dans des baquets ovales garnis de
zinc, sur le pain d'orge coupé d'avance par
morceaux. Lorsque la soupe est à peu près
froide, il la remue dans tous les sens, en mélangeant et en ayant soin de hacher la viande
pour former une pâtée assez épaisse. Il ne faut
jamais appeler les chiens à la soupe pendant

5

qu'elle est très chaude (cela pourrait nuire,
dit-on, à la finesse de leur odorat). Nous la
donnons deux fois par jour aux jeunes jusqu'à
l'âge d'un an, une fois seulement aux chiens
plus âgés, dans la soirée, jamais avant de
partir pour la chasse. Quelques morceaux de
pain sec, le matin, suffisent à ces derniers
dans la saison où ils travaillent.

« Pendant que les chiens mangent la soupe,
il faut les surveiller et les empêcher de se
battre ; lorsqu'on remarque, par leur attitude,
qu'ils ont mangé suffisamment, on les renvoie
à leur place en les touchant du fouet et en les
appelant par leurs noms. Quand on a affaire
à des chiens dressés à l'anglaise, il est très
avantageux de profiter de la soupe pour les
faire se coucher auprès et ne leur permettre
d'y toucher qu'au commandement. Ces animaux, nerveux à l'excès et fort impression-
nables, ont très souvent peur du coup de fusil
lorsqu'on les mène à la chasse ; le moyen le
plus sûr d'obvier à ce grave inconvénient est
de les habituer aux détonations d'armes à feu
à l heure de leurs repas. Nous en avons fait
l'expérience avec un plein succès.

« Il n'est pas toujours facile, dans les chenils, de se procurer à bon marché de bonne
viande de cheval fraîche. Lorsque l'on est
éloigné d'une grande ville, il faut avoir
recours au chemin de fer pour recevoir des
livraisons régulières ; mais ce sont des frais
et des complications ; la plupart des compa-
gnies refusent, en été, d'expédier autrement

qu'en caisses doublées de zinc. Les chiens se
nourrissent avidement de soupes préparées
avec des cretons de saindoux ; mais nous
avons dû renoncer, pour notre part, à ces aliments, qui produisent mauvais effet sur les
animaux, quand ils ne sout pas très frais, ce
qui est rare, car ils rancissent facilement. A
défaut de viande fraîche, on peut employer
des conserves de viande de cheval, que l'on
trouve dans le commerce, aussi bien que de la
poudre de sang desséché, ou de la poudre de
viande, en notant que ces préparations sèches
représentent cinq fois leur équivalent en
viande fraîche. La viande fraîche se conservant très mal en été, nous recommandons aux
personnes qui voudraient néanmoins, et avec
raison, en faire usage, de la déposer dans une
caisse à treillage en eau courante, ou sous une
chute d'eau ; au bout d'une dizaine de jours,
elle serait encore bonne à distribuer cuite,
mais non pas crue. (On peut aussi la conserver
dans une glacière.) Des chiens adultes et
même des jeunes chiens ne souffriront pas
d'être privés du régime à la viande pendant
une huitaine de jours ; nous croyons même
qu'il serait favorable à leur santé d'alterner
dans certains cas. Le chien aime le change-
ment dans la nourriture, pourvu qu'elle soit
bien appropriée, absolument comme l'homme ;
s'il pouvait parler, il est certain qu'il l'affir-
merait. »

A propos de la nourriture des chiens et à la
suite d'une visite que nous avions faite, il

y a quelques années, au beau chenil que M. A... possédait en Seine-et-Oise et où toutes les règles de l'hygiène la plus rationnelle étaient observées, nous avions demandé à l'aimable propriétaire de vouloir bien nous donner quelques renseignements sur le rationnement qu'il appliquait aux races variées de son élevage ; nous insérons ici sa réponse qui est, on ne peut mieux, à sa place :

« Monsieur,

« La question pratique de la nourriture à donner aux chiens d'arrêt de diverses tailles et aux bassets de chasse à tir, est en effet nouvelle à traiter et intéressante pour les chasseurs ne possédant que quelques chiens. Bien souvent on les nourrit ou trop ou pas assez, et, d'après mes souvenirs, aucun livre actuel n'en parle.

« Voici les quantités et la nature des rations données en un seul repas aux chiens de différentes races que je possède :

« Chiens de garde : Saint-Bernard, Mastiff : pain, 1,000 grammes ; viande de cheval, 500 grammes, riz 200 grammes.

« Chiens d'arrêt de grande taille : Gordons, Pointers : pain, 500 grammes, viande, 300 grammes, riz, 150 grammes.

« Chiens de petite taille : Cockers, Bassets : pain, 800 grammes, viande, 250 grammes, riz, 100 grammes.

« Chiens terriers : pain, 300 grammes, viande, 200 grammes, riz, 100 grammes.

« Le pain est composé mi-partie orge et

mi-partie farine de blé. La viande est mise à
bouillir pendant quatre heures environ à feu
doux, avec le riz et un gros chou, puis on verse
le bouillon dans un grand baquet où le pain
est coupé en dés. On laisse le pain tremper
jusqu'au moment de donner la soupe, c'est-à-
dire environ cinq heures. On écrase et triture
le pain avec une espèce de pilon à mortier
jusqu'à ce que tout ne forme qu'une bouillie
demi-consistante ; on y ajoute la viande rapée
et le choux haché menu. Chaque chien a son
augette distincte et les chiens délicats ou
longs à manger sont servis à part. Le pain
vaut actuellement 27 centimes le kilog. ; la
viande de cheval (sans os), 20 centimes le kilog. et le riz 20 francs les 100 kilog., le prix de
revient est donc facile à établir et l'on peut
savoir le prix exact nécessaire à donner à
l'homme à qui l'on confie son chien.

« Ces chiffres, bien entendu, ne concernent
que les chiens âgés d'au moins dix mois ; avant
cet âge, ils doivent, comme vous le savez,
manger plus souvent et le lait entre pour une
bonne part dans leur alimentation.

« Quant aux chiens courants de grande
taille, pour la chasse à courre du cerf ou du
sanglier, l'on compte environ 1,200 grammes
de nourriture par chien et par jour, en soupe
également faite avec de la viande de cheval et
du pain d'orge.

« Les personnes qui ont un équipage ont un
grand intérêt à acheter les chevaux sur pied :
ils y gagnent au moins deux soupes, une avec

le sang fraîchement recueilli, l'autre avec les intestins bien lavés et bien cuits.

« Un chien en bonne santé et en bon appétit normal doit manger la ration indiquée plus haut en quatre ou cinq minutes. Je ne crois pas qu'il faille la lui laisser pour la flairer. S'il s'interrompt dans son repas, il faut la lui retirer, il sera quitte pour mieux dîner le lendemain ; c'est d'ailleurs ce que l'on fait dans les chenils de grand équipage.

« Voilà, Monsieur, au courant de la plume, les renseignements que vous avez bien voulu me demander et que je puis vous donner.

« Veuillez agréer... — H. A...

CHAPITRE III

Hygiène des Reproducteurs, des Nourrices et des Chiots.

L'âge de la puberté, chez le chien, précède toujours de beaucoup l'époque du développement complet que l'on doit toujours attendre pour laisser des chiens se livrer à la reproduction ; aussi doit-on surveiller avec soin les jeunes chiens de sexes différents que l'on élève ensemble, car les accouplements prématurés sont très nuisibles au développement et ne donnent que de mauvais produits : nous avons vu deux jeunes Schipperkes, frère et sœur, s'accoupler à l'âge de sept mois et donner une portée de 5 petits infirmes présentant presque tous des indices d'arrêt de développement : bec de lièvre avec fente palatine, adhérence et inperfection des doigts, etc. Ce n'est pas avant 18 mois pour les petites races, deux ans pour les races moyennes et trois ans pour les grandes races qu'on doit permettre l'accouplement. Les accouplements entre vieux sujets sont aussi à éviter car ils donnent des produits de mauvaise constitution et manquant de taille. Passé dix ans, chiens et chiennes sont im-

propres à la reproduction, ou ne donnent que
de rares et mauvais produits.

Tout le monde sait que c'est par le choix des
plus beaux individus que l'on parvient à former de belles races, mais on n'est pas également d'accord sur la manière de faire ce
choix.

La plus grande partie des savants du commencement du siècle, Buffon en tête, vou-
laient que ce fût au loin qu'on allât chercher
les mâles ; ils prétendaient que la dégénéres-
sance arrivait promptement dans les races
produites par les animaux élevés sur le même
sol ; à plus forte raison rejetaient-ils les
unions du même sang, ce que les anglais appellent alliances *in and in*, et que nous nom-
mons *consanguinité*. C'est pourtant grâce à la
consanguinité que les anglais ont formé les
belles races de bestiaux dont ils sont si fiers
et même leur cheval de pur-sang, et cependant il n'y a pas à nier que la consanguinité
produit souvent des effets déplorables chez
l'homme et surtout chez le chien. C'est que,
les défauts de constitution, aussi bien que les
qualités, sont héréditaires, et que les premiers
dominent chez l'homme et chez le chien, tandis
qu'ils sont rares chez le cheval noble et chez
le bœuf ; voilà pourquoi les alliances consanguines sont néfastes chez les premiers et utiles
au contraire chez les derniers. Toute la question de la consanguinité est là et point n'est
besoin de noircir des pages innombrables de
papier pour l'expliquer. Il y a soixante-quinze

ans que Delabère-Blaine expliquait déjà qu'aucune mauvaise influence ne pouvait résulter
de la consanguinité en elle-même, que les défauts et les qualités des ascendants étaient
transmis au produit, qu'ils fussent parents ou
non; seulement si les reproducteurs sont du
même sang, les mêmes défauts comme les
mêmes qualités existant chez tous les deux,
ils sont doublés chez le produit; voilà pourquoi il est si fréquent de voir, chez le chien,
qui est éloigné de l'état de nature par des centaines de siècles de domesticité, les descen-
dants de parents consanguins et surtout de
frère et sœur, être atteints de dispositions
maladives constitutionnelles et surtout de
rachitisme, d'herpétisme, de rhumatismes ou
autres infirmités congénitales.

Si les jeunes sujets de certaines races aristocratiques, comme beaucoup de Gordons et
surtout de Grands Danois, deviennent si dif-
ficiles à élever et ont des affections gour-
meuses ou rachitiques si graves, si persistantes et si variées, c'est que l'on a trop abusé,
pour les conserver pures, des unions consanguines trop rapprochées.

Par contre, les sujets croisés sont toujours
plus rustiques, de meilleure constitution et
plus intelligents que les pur-sang : un dres-
seur de chiens savants, qui fait en ce moment
courir tout Paris, disait à un journaliste qui
l'interwievait, qu'il ne pouvait pas trouver de
sujets intelligents susceptibles de faire de
bons élèves, dans les races aristocratiques et

pures ; tous ses meilleurs sujets, ceux qui étonnent le plus par leur intelligence extraordinaire, étaient des *cabots* résultant des croisements les plus hétéroclites. C'est l'histoire du *chien de braconnier* dont les facultés sont proverbiales, et c'est pourquoi certains champions d'exposition sont de si mauvais chiens de chasse.

Il faut toujours, lorsqu'on est obligé d'avoir recours aux unions consanguines, choisir les parents les plus éloignés, éviter surtout d'unir le frère avec la sœur; l'union de la mère avec le fils, ou du père avec la fille, ont moins d'inconvénients. Nous en avons vu la démonstration dans le chenil de M. Servant, qui est arrivé, par ce moyen, employé seulement au début, à reconstituer une meute de Poitevins remarquables par leur vigueur, la finesse de leur nez et leurs qualités cynégétiques.

Les lois de l'hérédité se font sentir sur plusieurs générations successives, quelquefois même en paraissant absentes dans une ou plusieurs générations; ainsi il arrive quelquefois que chez un ou plusieurs petits on ne retrouve aucun des caractères des parents immédiats, mais en remontant aux grands-parents, ou arrière-grands-parents, on retrouve l'origine des caractères que présentent ces petits, soit comme couleur du pelage, soit comme constitution, soit comme prédisposition à certaines maladies diathésiques. C'est ce qu'on nomme *atavisme*, du mot latin *atavus*, qui veut dire aïeul.

On invoque souvent aussi dans ce cas, l'influence dont serait encore imprégnée une chienne d'un accouplement précédent. Certains auteurs croient à cette influence; d'autres la nient, et le grand physiologiste Claude Bernard, n'était pas éloigné de l'admettre. Il cherchait à l'expliquer en disant que certains ovules pouvaient recevoir du précédent accouplement une imprégnation insuffisante pour procréer, mais suffisante pour laisser une empreinte que développera plus tard une fécondation complète. On aurait observé chez l'homme des faits qui viendraient à l'appui de cette dernière hypothèse : une veuve, par exemple, ayant eu d'un second mari des enfants ressemblant au premier.

Quand une chienne a été couverte par plusieurs chiens, même quand les saillies ont été séparées par un assez long intervalle de temps, comme quelques jours, il y a alors *superfétation*, et il se présente quelque chose d'analogue à ce dont nous venons de parler, c'est-à-dire qu'il y a des petits qui peuvent ressembler aux différents pères. Un fait à l'appui de cette assertion nous a été fourni par un de nos correspondants :

« L'an dernier, nous écrivait-il, l'une de
« mes chiennes étant en chaleur, je lui donnai
« un de mes chiens, et, comme la dernière
« fois que cet étalon avait sailli une femelle,
« cette dernière n'avait pas été pleine, crai-
« gnant qu'il n'en fut de même avec celle-ci,
« je la fis couvrir encore par un autre mâle,

« quelques jours après. Au bout de deux mois,
« la chienne mettait au monde six chiens
« noir et blanc comme le premier père et
« deux jours après un autre noir et gris
« comme le second. On ne peut invoquer
« ici un fait d'atavisme, car parmi les
« ascendants de la chienne et du premier
« mâle, il n'y a jamais eu de chiens gris.
« Mais alors pourquoi n'y a-t-il eu qu'un
« petit de la seconde saillie et six de la
« première ? »

Quant à la part qui revient aux deux con-
joints dans la procréation, rien de moins ré-
gulier : quelquefois tous les petits ressemblent
au père, et c'est même assez fréquent; d'autrefois tous à la mère; d'autrefois enfin une
partie des produits ressemble au père et une
autre partie à la mère et quelques-uns présentent un mélange irrégulier des caractères
des deux reproducteurs.

Hygiène des Lices. — Nous ne parlons pas
de l'hygiène des étalons et on comprend pourquoi : Après l'accouplement leur rôle est terminé et il n'y a plus à s'en occuper. Il y aurait cependant des inconvénients à leur faire
répéter trop souvent l'acte, on les épuiserait ;
deux ou trois coïts par semaine pendant chaque période semestrielle des chaleurs sont
suffisants.

L'hygiène de la lice, pendant la période de
la gestation qui est de soixante-deux jours,
au plus, — nous en avons vu exceptionnelle-

ment dont la gestation a duré soixante-huit et
même soixante et onze jours, — ne diffère pas
de celle des autres chiens. On doit cependant
augmenter leur ration progressivement surtout en viande. Quand elles deviennent trop
lourdes il faut se borner, pour tout exercice, à
une promenade au pas, mais il est de toute
nécessité que cette promenade soit exécutée
tous les jours jusqu'au terme extrême.

Les seuls soins à prendre au moment de la
parturition, qui s'accomplit d'ordinaire facilement et toute seule, c'est la préparation du lit
dans un grand panier rond et bas, que l'on
garnit de paille ou d'un vieux tapis et que l'on
dispose dans une loge isolée et obscure.

Si l'accouchement est laborieux, ce qui
n'arrive guère que quand l'accouplement a été
disproportionné et que le mâle était trop fort,
ou qu'il ait été l'effet du hasard, alors il faut
recourir à un homme de l'art.

La chienne produit habituellement de six à
douze petits, quelquefois moins, rarement
plus ; — nous en avons vu une ou deux fois
quatorze. L'intervalle de sortie entre chaque
petit est ordinairement d'un quart d'heure.
La chienne se suffit à elle-même pour tout ce
qui regarde la délivrance et les soins aux
nouveaux-nés.

Pendant les premiers temps de l'allaitement
il faut laisser la chienne dans le repos le plus
complet, ne pas la visiter trop souvent, surtout ne pas laisser approcher les étrangers,
car alors la chienne cherchera un endroit plus

tranquille pour ses petits que celui où elle est si facilement dérangée. La ration alimentaire sera augmentée d'une bonne moitié et l'augmentation portera sur la viande. On ajoutera aussi du lait comme boisson. En somme, la chienne en bonne santé donne peu d'embarras à cette époque. Quant à la quantité de petits à lui laisser, il peut être bien plus grand qu'on ne le pense généralement : sur nos conseils, nous avons vu une belle chienne pointer amener à bien ses huit petits et cela sans en souffrir le moins du monde: elle était nourrie à satiété, la viande et le lait formaient la base de sa nourriture (fig. 22).

Quoiqu'il en soit, il est toujours préférable de laisser quelques chiots à une chienne que de les supprimer tous brutalement, pour éviter l'*empissement laiteux* et les maladies consécutives qui pourraient survenir, telles que les engorgements chroniques, les abcès, les tumeurs, etc., etc.

Néanmoins, si tous les petits venaient à être brusquement supprimés, accidentellement ou intentionnellement, les mamelles s'engorgeront de lait, deviendront tendues, chaudes et douloureuses ; on combat cet accident en mettant la chienne à la diète, en lui administrant des purges répétées (30 grammes d'huile de ricin ou de sirop de nerprun) et en appliquant sur les mamelles un cataplasme froid, de glaise ou de blanc de Meudon délayé dans de l'eau coupée par moitié de vinaigre; ou mieux, en les badigeonnant avec le liniment oléo-

Fig. 22. — Chienne pointer, à M. de Kersaint, nourrissant huit petits (d'après une photographie).

calcaire qu'on emploie contre les brûlures et
que l'on prépare en mélangeant et en agitant
fortement parties égales d'eau de chaux et
d'huile douce.

Il n'y a pas que la chienne qui a fait des
petits qui peut se présenter avec les mamelles
gonflées de lait ; il est au contraire très fréquent de voir des chiennes qui n'ont pas été
couvertes au moment de leurs chaleurs, se
présenter, deux mois après cette époque, en
pleine lactation, comme si elles avaient fait
des petits ou si elles allaient en faire, ce
qui, en général, surprend fort leurs propriétaires. — On sait que, chez la chienne, deux
ou trois jours avant la mise bas on peut
extraire déjà du lait de ses tétines ; c'est
même un signe de l'imminence de l'accouchement, signe que nous avons constaté une
fois, mais très exceptionnellement, dix jours
avant ce même moment. — On est quelquefois obligé, pour faire passer ce lait, venu tout
à fait anormalement, d'appliquer le même
traitement que nous avons indiqué pour le
cas où une chienne vient de perdre accidentellement ses petits.

On peut aussi se servir de ces chiennes
vierges lactifères en guise de nourrice, et
elles se prêtent avec plaisir à cette fonction
qu'elles recherchent même quelquefois, comme
le prouvent les faits remarquables que nous
avons rapportés dans l'*Éleveur*, en l'année 1886,
à la fin de janvier, et en 1893, au mois de
mai. Le premier fait est l'histoire d'une petite

chienne havanaise appartenant à un de nos amis, M. Leniez, vétérinaire à Eu, laquelle, ayant eu du lait en abondance en dehors de l'accouplement, adopta avec empressement des petits chiens qu'on lui donna.

Nous avons dit que la chienne se suffit à elle-même pour les soins à donner à ses nouveaux-nés; en effet, il n'y a qu'à la laisser faire, lui fournir une loge tranquille un peu obscure mais spacieuse, un bon lit, et ne pas la déranger par des visites trop fréquentes, car si elle vient à être ennuyée, elle prend le parti de porter ses petits ailleurs, ce qu'elle fait très délicatement en les prenant par la peau du cou.

Pendant les premiers jours de leur existence, on n'a donc pas à s'occuper des petits chiens, leur mère s'en charge en les entourant de tous les soins dictés par l'amour maternel le plus vif; outre la nourriture, c'est-à-dire son lait, qu'elle leur fournit à bouche que veux-tu, elle les lèche, les nettoie, les réchauffe par son contact continuel, car elle ne les quitte pas un seul instant pendant la première semaine; enfin, elle les garde avec un soin jaloux et se précipite témérairement au devant du danger, si la vie de ses chers petits vient à être menacée, ou lui paraît telle.

Certaines personnes croient que, parmi les petits de chaque portée, il en est un qui est le favori de la mère, que, pour le connaître, il suffit d'enlever les nourrissons de leur couche et d'observer quel est celui d'entre eux qu'elle y rapporte le premier ; celui-ci serait, dit-on, le préféré. Cela n'est pas vrai ; il n'y a qu'à répéter l'expérience plusieurs fois et l'on verra que ce ne sera pas toujours le même.

Une chienne se laisse parfaitement aller à nourrir les petits d'une autre chienne, même quand elle n'en a pas eu, comme nous l'avons dit plus haut, et c'est à trouver une nourrice de la même espèce, et autant que possible de même taille, qu'il faudra s'attacher, si un accident venait à priver des petits chiens de leur mère ; ce moyen serait infiniment préférable à l'élevage au biberon, moyen extrême que l'on peut employer, mais qui peut avoir, pour l'avenir du sujet, des conséquences que n'a jamais l'allaitement maternel ou par une nourrice de la même espèce.

Mieux vaudrait une chatte que le biberon, d'autant plus que les chattes se prêtent très bien à nourrir de petits étrangers, mieux même que des chiennes qui, en pareille occurence, ne répriment pas toujours un froncement de museau ou de légers grognements, bien que nous connaissions des exemples du contraire et que nous avons cités.

Faute d'une nourrice quelconque, on peut, comme nous le disons ci-dessus, nourrir des petits chiens au biberon ; nous connaissons de beaux animaux qui ont été élevés ainsi. Si l'on peut avoir du lait de vache ou de chèvre très frais et tout chaud, on peut le donner tel quel, en se gardant bien d'y ajouter de l'eau ou tout autre adjuvant, car le lait de chienne étant le plus riche de tous les laits, les jeunes chiens sont toujours en perte, même avec le meilleur lait de vache ou de chèvre. Si on ne peut pas avoir de lait chaud et tout frais, il faut le faire bouillir.

Le système de biberon le meilleur est, comme pour les enfants, celui dont tous les organes sont en verre, car ce sont les plus faciles à nettoyer, le biberon exigeant d'être toujours d'une propreté parfaite.

Du reste, on ne se sert pas longtemps du biberon avec les jeunes chiens, ils apprennent vite à boire quand une fois ils voient clair, ce qui arrive vers le dixième jour de la naissance, quelquefois plus tôt, quelquefois plus tard.

Hygiène des jeunes chiens. — *Sevrage.* — On laisse généralement les petits chiens têter leur mère pendant six semaines. Ce laps de temps est beaucoup trop court et en ceci, comme en toutes choses, il faut observer les règles posées par la nature et attendre le sevrage naturel qui est complet vers le troisième mois. A ce moment, les petits mangent avec leur mère depuis deux mois. En ayant soin de ne plus donner à la mère que sa ration habituelle, son lait tarit promptement, et elle-même alors ne souffre plus que ses petits la tettent; on peut alors les séparer d'elle et les nourrir à part si les circonstances l'exigent; mais ce n'est guère qu'à six mois que les jeunes chiens deviennent spontanément indépendants de leur mère.

Les petits chiens, en naissant, sont aveugles, c'est-à-dire que leurs paupières sont adhérentes, et elles ne s'ouvrent guère que du neuvième au douzième jour. Par contre, ils ont quelquefois leurs incisives et leurs crochets de lait qui, normalement, n'apparaissent qu'une quinzaine de jours après la naissance.

Crise dentaire. — Entre l'âge de cinq à six mois dans les petites races et de six à sept dans les grandes, s'opère le remplacement des dents de lait par les dents d'adultes ; ce n'est, que quand ces dernières dents sont complètement poussées qu'on peut donner aux jeunes chiens la même nourriture qu'aux vieux, en insistant cependant sur les soupes de viande et le laitage qui doivent former la base de leur nourriture pendant toute la première année avec addition d'un peu de viande crue, dont les morceaux seront trempés dans de l'huile de foie de morue, et aussi une pincée de poudre d'os des pharmaciens, mêlée à la soupe. Cette poudre d'os et l'huile de foie de morue, sont indispensables pour renforcer la constitution des jeunes chiens, toujours lymphatiques, et leur permettre de passer sans trop d'inconvénients et même d'éviter, la *crise gourmeuse.* Des œufs crus avec la coquille écrasée, sont aussi un excellent adjuvant à la nourriture ci-dessus et, donnés de temps en temps, concourent au même but que la viande crue, l'huile de foie de morue et la poudre d'os.

Age nubile. — Après sept mois, les chiens des petites races, douze mois, les chiens des races moyennes et dix-huit à vingt mois, ceux des très grandes races, sont nubiles, et les mâles pissent en levant la jambe ; mais ils ne sont complètement développés, surtout les derniers, que cinq ou six mois après.

Gymnastique indispensable. — Jusqu'à présent, nous n'avons parlé que de la nourriture des jeunes chiens, mais il est deux autres points de leur hygiène que nous ne devons pas omettre, car ils sont peut-être plus importants que le premier, nous voulons parler de l'habitation et de l'exercice.

Jusqu'à ce que le petit chien voie clair, il ne fait que ramper, se traîner sur le ventre pour atteindre les mamelles de sa mere, ou se pelotonner contre elle ou contre ses frères et sœurs pour se réchauffer et dormir, ce qui constitue sa grande occupation à cet âge. Petit à petit, ses membres acquièrent de la force et, vers le dixième et le douzième jour, ils commencent à supporter le corps et à se prêter à la marche quadrupède. Du vingtième au trentième jour, le petit chien court et folâtre. A partir de ce moment, il faut que la loge de la chienne soit constamment ouverte sur le préau et celui-ci à la libre disposition des jeunes chiens, car, s'il est une chose essentielle à leur santé dans ce moment, c'est l'exercice et le grand air. Cela est si vrai,

Fig. 23. — Jeunes chiens de Saint-Bernard.

qu'il est à peu près impossible d'élever *dans un appartement* et *seul*, un chien de chasse et surtout un chien de montagne, — quels que soient les autres soins dont on l'entoure, du reste,— et de l'amener à bien. Il faut, au jeune chien, des petits camarades pour jouer, car le jeu c'est sa vie pendant la première année, et il lui faut le pré pour pouvoir se rouler sur l'herbe, prendre ses ébats, faire des niches et des surprises à ses frères, courir après eux à fond de train, et se faire courir ensuite après. Un chien élevé dans ces conditions et nourri comme nous l'avons indiqué, sera dans les meilleures conditions de préservation de la *maladie*, véritable gourme des chiens, qui, comme toutes les gourmes, que ce soit celle de l'enfant ou celle du jeune cheval, n'est autre qu'une protestation de la nature contre l'inobservation de ses lois hygiéniques. — Nous parlons, bien entendu, de la *vraie* gourme et non de ces maladies variées, et plus ou moins contagieuses, avec lesquelles on la confond.

Logement. — Du moment où les jeunes chiens sont séparés de leur mère et jusqu'à ce qu'ils soient adultes, ils doivent être logés ensemble dans un chenil séparé de celui des autres chiens. Ce local doit être surtout sec, bien abrité, mais nullement chaud, les chiens supportant très bien un froid modéré à cet âge. Il doit être surtout très spacieux, très vaste, surtout en hauteur; une écurie à cheval ayant deux ou trois stalles vides, à sol couvert de

paille, convient parfaitement pour une loge
de jeunes chiens, parce que là ils peuvent
s'ébattre et s'amuser en attendant qu'on leur
ouvre la porte de la cour où du préau.

Si, après le sevrage, un chien est séparé de
ses frères, plutôt que de le laisser seul et
isolé, si on ne peut lui donner un camarade
de son âge, mieux vaut le mettre avec des
chiens adultes, car la société de ses semblables lui est absolument nécessaire ; voilà
pourquoi la pratique de mettre un chien en
pension chez un garde qui en possède d'autres,
est bonne malgré le danger auquel on l'expose
de contracter des maladies de peau contagieuses et des parasites cutanés, auxquels son
âge le prédispose particulièrement. Cela est
toujours préférable pour lui à l'isolement,
surtout dans un appartement, quelque luxueux
qu'il soit.

Si, malgré tout, on est obligé de garder un
jeune chien seul chez soi, il faut s'astreindre
à être son compagnon de jeu, et faire avec
lui des parties de barres, ou de paume avec
une balle en caoutchouc qu'on choisira appropriée à sa taille et toujours suffisamment vo-
lumineuse pour qu'il ne puisse l'avaler, et
pleine pour qu'il ne puisse la déchirer.

Alimentation. — Nous voulons encore insis-
ter sur l'alimentation des jeunes chiens où ils
trouveront les éléments de leur développement,
développement qui sera favorisé par l'exercice,
le grand air, en un mot par tous les agents
hygiéniques dont nous avons déjà parlé.

Après le sevrage, la nourriture doit être pré-
sentée fréquemment aux jeunes chiens, environ toutes les quatre heures. Cette nourriture doit être composée, partie de bouillon de
viande de cheval — ou, à défaut, de têtes de mouton ou de tripes bien lavées, le tout additionné
de pain, de riz, de légumes, — partie de bouillie
cuite de farine et de lait; — à la farine ordinaire, on substituera avec avantage le gruau
d'avoine, qui a des éléments toniques et
stimulants que n'ont pas les autres farineux.
— On peut ajouter à ce régime quelques
restes de cuisine et un peu de viande crue
comme friandise, dont on trempera les morceaux dans de l'huile de foie de morue
brune. Qu'on n'oublie pas surtout la poudre
d'os, ajoutée par pincée à la soupe, et de
temps en temps des œufs crus avec la coquille brisée. Qu'on ne craigne pas de leur
donner des têtes d'os à ronger car, bien qu'ils
n'aient pas encore les dents assez solides pour
en détacher de grosses parcelles, ce travail de
rugination facilite l'évolution dentaire et leur
est surtout utile quand ils ont leurs dents
d'adultes, car c'est la meilleure manière de les
entretenir blanches et solides, et de leur
donner une haleine fraîche. Ce procédé est
même le meilleur à appliquer aux chiens âgés
qui ont les dents sales et qui sentent mauvais
de la gueule, cela suffit pour leur nettoyer les
dents et faire disparaître la mauvaise odeur
de la bouche.

La régularité des repas des jeunes chiens

est très importante, elle favorise le développement du corps et le maintien de la santé ; c'est
un **axiome** qui est ressassé dans tous les
traités d'hygiène.

Il est très nécessaire, après leur repas, de
ne pas laisser séjourner de restes dans les
écuelles des jeunes chiens s'ils sont repus ;
s'il y a des reliefs dans les vases il faut les
jeter, nettoyer scrupuleusement ces ustensiles
et les remplir d'eau fraîche qui reste à leur
disposition (eau filtrée ou de fontaine pour
éviter les vers intestinaux, dont les œufs se
trouvent surtout dans les flaques des cours ou
les ruisseaux des rues).

Au fur et à mesure que les jeunes chiens
avancent en âge, on supprime progressivement la bouillie lactée en ne conservant que
la soupe à la viande de cheval ou aux tripes
qui, cuites et divisées le plus possible, sont
laissées mélangées au pain. Enfin, quand ils
auront atteint l'âge d'un an, ils seront
soumis complètement au régime des chiens
adultes dont nous avons longuement parlé
déjà.

On remarquera que dans toutes les recom-
mandations que nous avons faites relativement au régime des jeunes chiens, il n'a
jamais été question des *biscuits* spéciaux d'im-
portation anglaise. C'est qu'ils ne peuvent
remplacer le régime que nous avons indiqué,
car ils sont passablement indigestes et provoquent de la diarrhée, surtout au début de
l'alimentation dont ils sont la base. Ils peu-

vent rendre cependant de grands services
dans l'alimentation des chiens adultes, surtout dans le cas de déplacement de chasse,
quand on se trouve privé momentanément des
moyens de nourrir convenablement les chiens.
Et si nous conseillons les biscuits dans ce
cas, c'est qu'il est bien entendu qu'il s'agit de
biscuits bien faits, bien conservés, fabriqués
de bonnes substances, et dans la composition
desquels il entre un bon tiers soit de poudre de viande, soit de poudre de sang bien
desséchée.

Pendant l'élevage des chiens, on a l'habitude, pour certaines races, de couper les
oreilles, la queue et quelquefois les ergots.
La queue et les ergots doivent se couper à
l'âge de quelques semaines, ou même quelques jours; mais, pour les oreilles, on doit
attendre que ces organes soient complètement
développés, c'est-à-dire l'âge de trois à quatre
mois. On coupe les oreilles aux terriers et à
certains chiens de garde pour que les animaux
qu'ils combattent ne puissent les saisir par
ces parties. On donne alors à ces organes une
forme pointue, et l'opération, pour être bien
faite, exige une certaine habileté. On raccourcit, en les arrondissant, les oreilles à
certains chiens courants, particulièrement
aux fox-hounds, pour éviter qu'ils ne se les
déchirent dans les fourrés et les ronces. Aux
chiens d'arrêt on raccourcit la queue de moitié
pour éviter qu'en fouaillant dans les genêts et
les buissons ils fassent du bruit qui effarou-

cherait le gibier. On en fait autant à diverses
races de terriers anglais, mais plutôt par mode
que pour toute autre raison, et c'est pour cela
aussi qu'on en débarrasse complètement les
schipperkes.

Nous ne nous arrêterons pas, bien entendu,
à l'opinion de certains gardes, qui voient
dans l'amputation d'une partie de la queue
une mesure hygiénique, un moyen de préserver les chiens de convulsions qui, d'après
eux, sont causées par un ver, lequel de l'extrémité de la queue remonterait au cerveau,
et qu'on détruit par cette opération. Le ver en
question n'existe que dans l'imagination des
susdits gardes, de même que le prétendu ver
de la langue dont l'extirpation doit préserver
les chiens de la rage ou de la maladie !

Le Kennel-Club, de Londres, vient de déci-
der que ces amputations, et en particulier
celles des oreilles aux Grands Danois et aux
Terriers, ne seraient plus admises pour
les chiens de ses expositions, et il y aura
probablement encore d'autres décisions analogues dans l'avenir.

Nous venons de parler du ver de la langue
du chien et de son extirpation chez les
jeunes, ce qui doit les préserver de la rage.
Comme nous savons que de très bons esprits
et même des gens instruits y croient encore,
nous allons entrer dans quelques détails sur
cette opération qu'on appelle l'*Everration*.

L'Everration est une opération qui consiste à extirper de dessous la langue du chien un ver qu'on prétend y exister.

Cette pratique date de loin puisqu'elle nous vient du père de la médecine, du célèbre Hipcrate de Cos, qui vivait 450 ans avant J.-C. et qui dit clairement : *il faut enlever ce ver pour préserver les chiens de la rage dont il est la cause.* Et, depuis Hippocrate, tous les anciens auteurs ont répété la même chose, laquelle s'est perpétuée ainsi jusqu'à nos jours. On lit, en effet, dans Pline (Hist. nat. lib. XXIX, 32, 3, livre écrit 50 ans avant la naissance de J.-C.) : *Est vermiculus in lingua canum qui vocatur a Grœcis Lytta, quo infantibus catulis nec rabidi fiunt, nec fastidium centiunt.* (Il y a un petit ver dans la langue des chiens que les Grecs appellent Lytta, qui, enlevé chez les tout jeunes animaux, les préserve de la rage et du dégoût des aliments.)

Dans la *Vènerie* de Jacques du Fouilloux, qui a eu de nombreuses éditions (nous en possédons une de 1560), et dans un supplément qui donne un *Extrait d'un livre d'un comte italien fort expert dans l'art de la vènerie*, on trouve la description complète de l'opération de l'*Éverration* en ces termes (que nous remettons en orthographe moderne) :

« Encore sera-t-il bon, quand les cagnots « auront un mois ou plus, de leur faire arra- « cher un petit nerf qu'ils ont sous la langue, « et qui ressemble à un petit ver.

« A quoi il faut procéder de cette manière :

« Quand le petit chien aura un mois ou envi-
« ron, de l'une des mains vous lui ouvrirez la
« bouche, mais s'il était plus âgé il faudrait
« lui mettre un baillon ; puis avec l'autre main
« vous lui tirerez la langue, et avec un canif
« ou un petit couteau bien tranchant vous lui
« fendez la peau tout le long du ver et de cha-
« que côté, puis, habilement et gentiment,
« avec la pointe du couteau vous lui ôterez le
« ver, en se donnant bien de garde qu'en cou-
« pant la peau et en arrachant le ver on ne le
« coupe ou ne le rompe, car il faut le tirer
« tout entier. Aucuns, pour tirer le ver se
« servent d'une aiguille enfilée de fil double
« qu'ils font passer sous le milieu du ver,
« qu'ils lient et qu'ils arrachent ainsi facile-
« ment ; mais si en tirant le fil ils ne procè-
« dent pas avec une grande dextérité, souvent
« il advient que le ver se rompt ou échappe et
« alors il est bien malaisé d'en tirer ou arra-
« cher ce qui reste. A cause de cela il m'a
« toujours semblé plus sûr de le tirer comme
« je le dis plus haut.

« Quand le ver est ôté les chiens deviennent
« plus beaux et en meilleur état. Les chiens
« auxquels on laisse le ver restent maigres et
« élancés et ont de mauvaises habitudes. De
« plus, les anciens naturalistes disent et ont
« laissé par écrit que ce ver ainsi ôté aux
« chiens les garantit de la rage. »

Il faut rendre cette justice à du Fouilloux,
que pour son compte il regarde comme un
préjugé l'assertion d'Hippocrate et de Pline,

il dit en effet, à la page 251 de son livre :

« Il y ha plusieurs hommes qui ont voulu
« dire que le ver qui vient sous la langue du
« chien, est la cause de le faire enrager, ce
« que je leur nie : combien qu'on die que le
« chien ne court pas si tôt en cette maladie
« quand il ha le ver ôté de la langue, je m'en
« rapporte à ce qui en est. »

Eh bien! c'est triste à dire, depuis du Fouilloux, la question du ver de la langue du chien,
non seulement n'a pas fait un pas, mais a
même rétrogradé. En effet, dans le numéro du
Figaro du 15 novembre 1885, nous lisons :

« On parlait l'autre jour à l'Institut d'une
opération bien simple pour préserver de la
rage les jeunes chiens : d'après un correspondant anonyme une incision sous la langue
suffirait (!) Nous avons reçu d'un de nos abon-
nés la lettre suivante qui contient des renseignements très précieux à ce sujet :

« J'ignore, nous écrit-il, si cette opération
« très simple, préserve le chien de la rage ; je
« n'ai jamais poussé l'expérience jusqu'à cette
« extrémité ; mais, dans mon chenil, où il a
« passé, depuis quarante ans, une certaine
« quantité de sujets et où il ne s'est jamais
« produit un seul cas d'hydrophobie, elle est
« journellement pratiquée lorsque le jeune
« chien, sans autre cause apparente de ma-
« ladie, perd son appétit, devient triste et
« maigre.

« Le lendemain, il est guéri.

« Les vétérinaires que j'ai consultés à cet

7

« égard, prétendent que c'est le nerf détendeur
« de la langue qui, en prenant trop de dureté
« et de développement prive le chien de
« l'usage facile de cet organe : en enlevant ce
« nerf, on lui rend la souplesse nécessaire. On
« appelle cela le *ver*, »

« Ce renseignement peut être utile à bien
des propriétaires de chiens. Nous remercions
pour eux, notre correspondant. »

Il n'y a vraiment pas de quoi, comme nous
allons le montrer.

En 1884, un des lecteurs de notre livre « *Le
Chien* », nous adressait un petit flacon contenant une production vermiforme accompagnée
de la lettre suivante :

« Je vous envoie par la poste une petite
« bouteille contenant un soi-disant ver retiré
« de dessous la langue d'un grand dogue
« d'Ulm. Vous me feriez plaisir de vouloir
« bien l'examiner, me dire l'espèce, si c'est
« positivement un ver, et, si positivement, le
« chien devait périr comme l'opérateur me l'a
« affirmé. »

La réponse que nous fîmes alors à notre
correspondant, nous allons la répéter ici, car
elle peut être faite à tous ceux qui poseront
la même question et à tous ceux qui croiraient
à l'efficacité de l'*éverration*, et ils sont encore
nombreux à notre époque do progrès scienti-
fique, quelqu'incroyable que cela paraisse.

Cette persistance d'un préjugé qui traverse
les siècles est remarquable, mais n'est pas
rare, en médecine surtout. Et pourtant, depuis

bien longtemps on est fixé sur ce prétendu
ver de la langue du chien. Les anatomistes du
Moyen-Age savaient déjà que ce n'est pas un
ver : l'un, Demétrius de Constantinople dit
que c'est un nerf ; un autre, Canérius, dit que
c'est un muscle. Au siècle dernier, Morgagni
en a fait une étude minutieuse, et cette étude
a été reprise dans ces derniers temps par
divers savants : Gurlt, Bruhl, Baur, Prinz,
Virchow, Ercolani, etc., et nous allons dire ce
qui résulte de ces études et de nos propres
observations.

Le prétendu ver de la langue, — la lytta
ou *lysse* d'Hippocrate, — existe chez tous les
chiens ; il se présente bien développé chez les
jeunes aussi bien que chez les vieux, avec
cette différence que, chez les jeunes, il est
plus superficiel et qu'il se montre d'une manière fort distincte à la face inférieure de la
langue, où il est très visible, à travers la
membrane muqueuse, sous forme d'un corps
vermiculaire blanc. Partout il est environné
de muscles avec lesquels il contracte des
adhérences; ses déplacements sont faciles et
on l'extirpe sans la moindre difficulté. En
réalité, c'est une sorte de tendon qui donne
attache en avant et en arrière, et même par
côté, à des fibres musculaires et qui sert de
soutien à la langue. C'est grâce à lui que le
chien peut plisser sa langue, la creuser en
cuiller, se pourlécher les babines, il est, par
conséquent, essentiel dans la succion et le
lappement. Lorsqu'on tire l'extrémité posté-

rieure de la *lysse*, on voit la langue se recourber en bas et en même temps se creuser sur son milieu d'un sillon longitudinal qui s'étend sur toute sa longueur, condition très favorable à la progession des liquides. Il est donc certain que la *lysse* se tend pendant la succion et le lappement, en même temps que se contractent les muscles longitudinaux et transversaux, ce qui transforme l'organe en une véritable cuiller.

L'extirpation de la *lysse*, faite expérimentalement, amène un ralentissement dans la préhension des aliments et des boissons; pendant les premiers jours de l'opération, les chiens cessent de laper et de ronger; la langue est plus rarement portée en avant. Plus tard, l'absence de la *lysse* ne se fait plus sentir, car elle est remplacée par un tissu de cicatrice qui remplit à peu près le même rôle, et le chien se sert de sa langue comme s'il n'avait pas subi d'opération.

Ces explications suffisent, nous pensons, pour montrer l'inanité, l'absurdité et surtout l'inutilité de l'opération barbare de l'extirpation du prétendu *ver de la langue* du chien. Quelle relation l'*éverration* pourrait-elle avoir, en effet, avec la rage, maladie microbienne qui a son siège dans le système nerveux et qui est due exclusivement à la contagion par inoculation, ou même avec la gourme et les autres maladies du chien? Toutes les personnes sensées comprendront qu'elle ne peut en avoir aucune.

CHAPITRE IV

Les Puces. — Un chenil peut être envahi
par les puces et c'est même dans le chenil que
se trouve la cause de multiplication de ces
insectes qui dévorent souvent les chiens et
surtout les jeunes et les valétudinaires.

Pour le comprendre il est nécessaire de
connaître la biologie de ces insectes et surtout
leur mode de multiplication.

On confond généralement la Puce du chien
avec celle de l'homme, c'est qu'à l'œil nu les différences ne sont pas sensibles, bien qu'en réalité les téguments de la première soient plus
foncés que ceux de la seconde. Ce n'est qu'avec
une forte loupe, ou mieux au microscope, qu'on
peut reconnaître les différences caractéristiques qui les distinguent ; elles consistent en
une rangée de grosses épines que porte supé-
rieurement le premier anneau thoracique de la
puce du chien, et une autre rangée d'épines
semblables au bord inférieur de la tête (fig. 24).
La présence de ces rangées d'épines, qui a fait
nommer par les naturalistes, la puce du chien
Pulex serraticeps (P. Gervais), ne se constate

pas chez la puce de l'homme (voyez la figure 25). A part cela, tous leurs autres caractères sont semblables : Le mâle a une longueur de trois millimètres, sur une largeur de deux

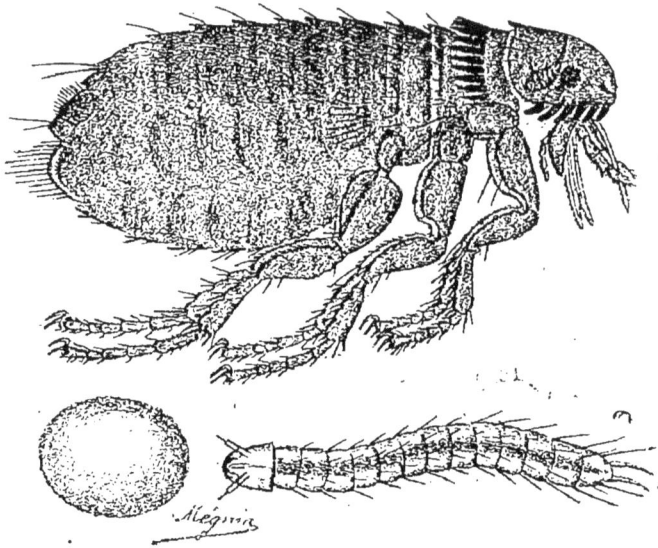

FIG. 24.
Puce femelle de chien, son œuf et sa larve, très grossis.

millimètres et l'extrémité postérieure est arrondie et relevée comme chez tous les mâles des autres espèces de puces. La femelle est plus grande que le mâle d'un quart, a le corps arrondi et l'extrémité postérieure non relevée; elle grossit beaucoup quand elle est fécondée; son œuf, qui remplit la moitié de son abdomen est blanc et a 0^{mm}70 de long et un peu moins de large, car il est presque rond.

Quand la femelle pond son œuf, elle ne le

colle pas aux poils du chien, comme font les poux de leurs lentes; cet œuf roule dans la paille et c'est dans la poussière du fond du lit qu'il éclot.

Ce n'est pas une jeune puce semblable à ses parents, qui sort de l'œuf, comme cela se voit chez le poux, mais une larve, un petit ver

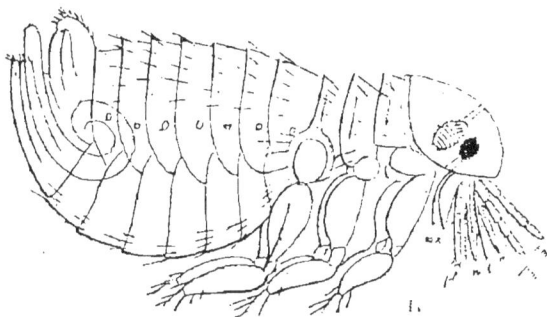

Fig. 25. — Puce mâle de l'homme, très grossie.

frétillant (voyez la figure 24 où il est représenté très grossi); il est presque aussi long que la puce adulte, mais n'a qu'un demi-millimètre de diamètre; son corps est composé de treize anneaux portant chacun une couronne de poils clair semés, et sa tête est coriace, munie d'une paire d'antennes et d'une paire de fortes mâchoires. Cette larve vit des déjections de ses parents, qui, sous forme de petits grains rouge-noirâtres, s'accumulent dans la poussière des lits. Ces petites crottes ressemblent à du sang desséché — le sang est, en effet, la seule nourriture des puces, qu'elles extraient avec leur dard buccal — c'est ce qui

avait fait croire aux anciens naturalistes que
les puces nourrissaient leurs larves en leur
dégorgeant du sang qu'elles avaient sucé ;
mais c'est une erreur : elles ne s'occupent
plus de leur progéniture après qu'elles ont
pondu.

Les jeunes larves, après une huitaine de
jours d'existence, se transforment en nymphe
ou chrysalide, et de cette nymphe sort une
nouvelle puce, qui recommence le même cycle
déjà parcouru par ses parents et cherche une
victime pour vivre à ses dépens, comme font
père et mère.

Comme on voit, ce n'est pas sur le chien
qu'on arrivera à éteindre la source de ses
puces. Du restes, les puces pullulent très bien
dans les chenils, en l'absence des chiens et on
a vu des chenils, inhabités depuis plusieurs
mois, être grouillants de puces affamées, faisant subir un cruel supplice aux personnes
qui se hasardaient dans le local.

On a dit que les puces de chiens ne s'atta-
quent pas à l'homme ; c'est très vrai, quand
elles sont bien nourries et qu'elles ont des
chiens à leur disposition ; mais loin des
chiens, elles piqueront l'homme, sans pourtant s'acclimater sur son corps comme le fait
sa propre puce.

Pour débarrasser un chenil des puces qui
l'habitent, on comprend que le meilleur moyen
est une extrême propreté sous la paille des
lits, surtout des lits des jeunes chiens. Après
avoir enlevé la paille, la projection d'eau

bouillante, atteignant les insectes, leurs larves et leurs œufs à une température d'au moins 70°, c'est-à-dire de la coagulation de l'albumine, les tuera instantanément. Si on ne veut pas recourir à ce moyen qui entretient de l'humidité dans le chenil, — ce qui est à éviter, surtout en hiver, — il faudra alors répandre sous la paille de couchage ou au fond du lit des jeunes chiens, un excellent insecticide en poudre, soit la poudre de Pyrèthre du Centaure, qui est la plus pure et la plus fraîche, soit de la Naphtaline en poudre, pure ou mélangée de fleur de soufre, soit de la poudre de graines de staphysaigre, soit de la poudre de cévadille.

En même temps, on introduira de ces mêmes poudres au fond des poils des chiens affectés de puces, en frottant à rebrousse poil.

La sciure de bois de sapin, de même que la laine du même bois, éloignent aussi les puces et on peut en garnir les lits des jeunes chiens.

On recommande aussi, pour débarrasser les puces d'un chenil, de mettre pendant la nuit une branche feuillue de bois d'aulne, les puces s'y rassemblent et on n'a qu'à jeter la branche au feu pour les détruire.

Enfin, si l'on construit une niche à chien avec un tonneau qui aura contenu du pétrole, jamais les chiens qui y logeront n'auront de puces.

Ixodes, Tiques, Poux de bois ou **Louvettes.** —
Tous les chasseurs connaissent, au moins de
vue, les *Tiques* ou *Poux de bois*, espèces de parasites que les chiens recueillent fréquemment à la chasse, qui se plantent dans leur
peau et qui les font cruellement souffrir quand
on veut les en débarrasser par arrachement.
Nous allons donner quelques renseignements
sur ces curieux animalcules.

Nous avons en France une dizaine d'espèces
de *Tiques* ou *Poux de bois*, que les naturalistes
ont nommés *Ixodes*, à cause de leur aspect vis-
queux et repoussant. Ces différentes espèces
de Tiques se ressemblent beaucoup entre
elles, en apparence du moins, surtout quand
après s'être gonflées de sang, elles ont acquis
un volume décuple de celui qu'elles avaient
auparavant, une couleur plombée et une forme
qui rappelle celle de la graine de ricin, d'où
le nom d'*Ixodes ricins*, que l'on a donné aux Tiques qui se rencontrent le plus souvent sur les
chiens et que l'on croyait appartenir à une
espèce unique, mais dans laquelle, nous le
répétons, on peut distinguer un grand nombre
d'espèces différentes qu'on ne détermine que
par l'examen attentif et avec des instruments
grossissants des différentes pièces du bec et
du squelette cutané.

Ce bec est inséré dans une fossette de l'extrémité antérieure du corps et est articulé
avec l'écusson qui recouvre et protège cette
extrémité, chez la femelle (A fig. 26) et tout le
dessus du corps chez le mâle (D fig. 26). Il est

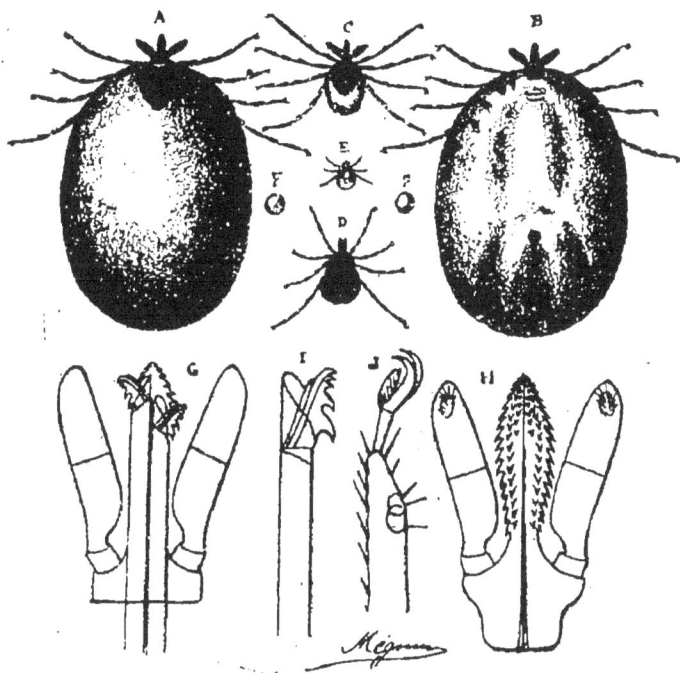

Fig. 26. — Tique ordinaire du chien (*Ixodes reduvius*) grossie.

A, femelle gonflée face dorsale; B, la même face ventrale; C, femelle à jeun; D, mâle; E, larve hexapode; FF œufs (toutes ces figures ont le triple des dimensions normales); G, le bec vu par sa face supérieure; H, le même vu par sa face inférieure; I, une mandibule isolée; J, l'extrémité d'une patte de la paire antérieure (ces dernières figures sont grossies 50 fois).

composé : 1° d'un *dard*, résultant de la soudure des maxilles et de la lèvre, muni en dessous de quatre à dix rangées de dents rétro-
grades (H) ; 2° d'une paire de *palpes maxillaires*
à quatre articles plus ou moins distincts, dont
l'ensemble forme une gaîne au *dard*, soit que
ces palpes soient creusés en gouttière à leur
bord interne, soit qu'ils soient aplatis en forme
de rasoir (H, G) ; 3° d'une paire de *mandibules* en baguettes allongées terminées par
une pointe de harpon, tri ou quadri-dentée et
articulée avec la tige (G, I.)

On s'est basé, pour distinguer les diverses
espèces d'Ixodes, d'abord sur la présence ou
l'absence d'yeux sur les côtés du plastron ou
écusson, sur les gravures ou marbrures de cet
écusson, sur le nombre de rangées de dents à
la face inférieure du *dard*, et sur la forme plus
ou moins lancéolée et plus ou moins obtuse
de ce dard ; enfin, sur la forme des *palpes*,
creusées ou non en gouttière et plus ou moins
distinctement articulées.

Nous ne voulons pas passer en revue nos
diverses espèces d'Ixodes indigènes et les dé-
crire toutes, nous nous contenterons de donner les noms des principales : *Ixode de Dugés,
Ixode Reduve, Ixode ricin, Ixode de Fabricius,
Ixode marbré, Ixode à épaulette, Ixode pince,
Ixode nain*, (1), etc.

(1) Pour plus de détails sur la zoologie des différentes
espèces d'Ixodes, voir notre *Traité des parasites articulés
et des maladies qu'ils causent,* 2° édition, un volume
avec atlas, chez G. Masson, Paris.

Nous les avons toutes trouvées sur des chiens et elles figurent dans nos collections ainsi que beaucoup d'autres. Elles jouaient toutes le même rôle et produisaient les mêmes effets.

Tous ces Ixodes à l'état adulte ont huit pattes groupées par paires de chaque côté du bec (A); chacune de ces pattes a huit articles et est terminée par une paire d'ongles et une caroncule plissée en éventail. Le mâle, beaucoup plus petit que la femelle, se distingue par sa couleur foncée due à l'écusson qui recouvre toute la face supérieure du corps (D). La femelle, à jeun, n'a guère que deux, trois, ou quatre millimètres de long (C); elle est alors presque carrée et plate, mais quand elle est repue elle a décuplé de volume et a pris la forme d'une graine de ricin de couleur plombée (A B). C'est quand elle a été fécondée par le mâle — qui, pour cela, se colle sous sa face inférieure et a l'air d'un petit Ixode qui en suce un gros — que la femelle cherche à se repaître de sang, et cela pour amener à bien la nombreuse progéniture qu'elle est appelée à mettre au monde et qui se compose de plusieurs milliers d'œufs (FF). De ces œufs sortent de tout petits Ixodes qui n'ont d'abord que six pattes (E) et qui, à cet âge, s'attachent à une foule de petits animaux (lézards, souris, taupes, etc.), qui ne leur servent guère que de véhicule, car à cet âge ils ne sucent pas encore de sang et ont encore dans le ventre une provision de nourri-

ture venant de l'œuf. Plus tard ces larves à six
pattes deviennent des nymphes à huit pattes
qui sont très voraces et qui, après une certaine période, muent encore une fois et deviennent alors tout à fait adultes (A B C D).

Nous le répétons, c'est la femelle fécondée
seule qui se gonfle en suçant le sang de ses
victimes jusqu'à acquérir un volume dix fois
plus grand et la forme d'une graine de ricin
(A B). Les Ixodes qui ont une démarche
lente et lourde sur le sol, sont essentiellement grimpeurs et se tiennent d'habitude
sur les petits arbrisseaux, les genêts, les
hautes herbes, ou les roseaux ; ils y ont une
position verticale, accrochés simplement avec
deux de leurs pattes, tenant les autres éten-
dues. Un animal quelconque vient-il à passer
dans leur voisinage, ils s'y accrochent avec
les pattes qui restent libres et quittent la
branche où ils étaient fixés.

Ces arachnides n'épargnent pas plus l'homme
que les animaux, et les voyageurs, les chasseurs, les dames mêmes qui vont au bois
s'asseoir sur l'herbe, en ont trouvé fixés sur
un point quelconque de leur corps.

Ce sont surtout les chiens de chasse qui, en
quêtant dans les buissons, dans les bruyères,
sont exposés aux atteintes des tiques, et cela
se comprend ; aussi est-ce particulièrement
aux oreilles qu'on les trouve fixées.

L'Ixode qui a son bec barbelé planté dans la
peau d'un chien, tourmente assez peu ce dernier : il y fait peu d'attention si on n'y tou-

che pas; aussi y aurait-il avantage, à un
certain point de vue, à ne pas s'en occuper,
car ce parasite se détache spontanément quand
il est bien gorgé de sang, en ne laissant qu'une
piqûre imperceptible qui se guérit sans soins
en quelques heures. Mais il y a indication
cependant à détruire le parasite avant que le
chien ne mette les pieds au chenil. En effet,
les tiques que les chiens rapportent du bois
et qui se détachent dans le chenil, donnent
lieu, comme nous l'avons déjà dit, à une progéniture de plusieurs milliers de larves; le
chenil en est infesté, et ce n'est plus au bois
que les chiens se couvrent de *poux de bois*,
mais dans leur propre habitation.

On provoque la chute ou le détachement des
tiques en les touchant avec une goutte d'essence de térébenthine, de pétrole ou de benzine,
ou encore avec le bout enflammé ou seulement
à l'état de charbon rouge brûlant d'une allu-
mette. Quelque temps après le parasite est
mort et se détache ensuite facilement. Si on
ne l'a pas au préalable fait mourir et qu'on
cherche à l'arracher, on cause une vive douleur au chien, qui la manifeste par ses cris et
les efforts qu'il fait pour s'échapper. Du reste,
par ce procédé, la tête, ou plutôt le bec du parasite reste planté dans la peau du chien, et
ce n'est que son corps que l'on a dans la main.
Il est vrai que le bec se détache plus tard
spontanément; mais il vaut mieux, avec la
pointe d'une paire de petits ciseaux, couper le
corps de toutes les tiques que l'on cherche les

unes après les autres sur le corps du chien.
L'essentiel est de n'en laisser aucune entrer
dans le chenil.

Les tiques, à l'état de nymphes font plus de
mal que les adultes, heureusement qu'elles
sont moins nombreuses, ou du moins qu'elles
se transforment assez rapidement en adultes
et que, par conséquent, elles sont rares à
l'état de nymphes : N'étant pas plus grosses
qu'une puce elles pénètrent entièrement sous
la peau au moyen du bec redoutable dont elles
sont armées, et leur présence donne lieu à un
vrai furoncle, à un petit abcès, de la suppuration duquel elles vivent. Ces sortes de lésions
se voient quelquefois à l'oreille des chiens et
en les ouvrant d'un coup de bistouri, on fait
sortir, avec la suppuration, le corps de la nymphe en question.

Lorsque le chenil a été envahi par les tiques,
qu'elles y ont élu domicile et qu'elles y pullulent, le mal est assez sérieux, car tous les
chiens qui l'habitent sont leurs victimes et on
ne peut plus arriver à les en débarrasser.

Le blanchissage à la chaux, les badigeons
d'acide phénique, les lavages à la potasse, etc.,
sont impuissants à détruire les nombreuses
générations de jeunes tiques qui sont surtout
logées dans les encoignures, les anfractuosités,
les fissures et quelquefois même jusque dans
les angles du plafond. Le moyen le plus efficace c'est de projeter dans toutes les direc-
tions de l'eau littéralement bouillante ; si cette
eau peut parvenir à toucher les tiques à une

température encore élevée de 70 à 80 degrés, elles n'y résisteront pas. Mais, souvent, elles sont cachées dans de profondes fissures où l'eau ne peut pas arriver suffisamment chaude alors, il ne reste plus qu'un moyen : c'est de faire dégager dans le chenil, — après en avoir fait sortir les habitants et calfeutré toutes les ouvertures, en collant même des feuilles de papier sur les joints des portes et des fenêtres, — des vapeurs d'acide sulfureux ; pour cela, on dispose sur le plancher deux ou trois assiettes contenant chacune une ou deux centaines de grammes de soufre en bâtons grossièrement concassés auxquels on met le feu.

Le Rouget (fig. 27). — Pendant les mois d'août et de septembre, les chiens, non seulement les chiens de chasse, mais tous ceux qui vont se rouler sur les gazons, dans les parcs et les jardins et qui se livrent à leurs ébats dans les cours herbeuses, sont exposés aux attaques d'un parasite microscopique, qu'avec de bons yeux on peut cependant voir à cause de sa couleur rouge-orangée rutilante qui lui a valu son nom de *Rouget*, et, à cause de la saison où il se montre, qu'on nomme encore *Aouatat, Aouti, Vendangeur*.

Le Rouget est un acarien à six pattes, qu'on a nommé aussi *Lepte automnal*, et qui n'est autre que la larve du Trombidion soyeux, nom de cette belle petite arachnide d'un rouge cramoisi velouté qu'on voit communément dans les jardins, au printemps, époque

où elle pond des œufs qui éclosent à la fin de
l'été et donnent naissance au *Rouget.*

Examiné au microscope, le Rouget est à peu
près orbiculaire — il s'allonge et grossit un
peu quand il est repu — ayant un diamètre
d'un quart de millimètre environ, muni en
dessus et en avant d'un plastron qui sert

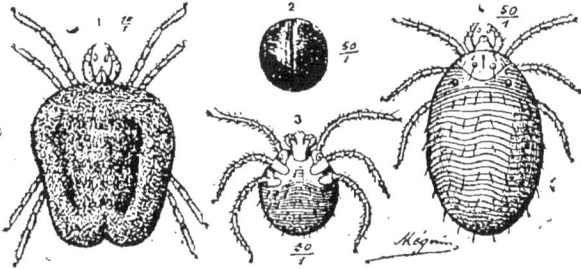

FIG. 27.

1 *Tronbidion* adulte grossi 10 fois ; **2** son œuf grossi 50 fois ; 3 sa
larve ou *Rouget,* à jeun, grossie 50 fois ; 4 la même repue,
même grossissement.

d'appui au bec ; ce bec est composé de deux
mandibules en forme de lames de canif, glis-
sant sur une lèvre rigide résultant de la
soudure des maxilles et à laquelle s'articule,
de chaque côté, une paire de palpes à cinq
articles terminés chacun par un fort crochet
à deux pointes. Le corps, à part les parties
occupées par le plastron et les hanches des
pattes, est recouvert d'un tégument exten-
sible, strié en travers et portant plusieurs
rangées de poils courts et clairsemés. Ce corps
est porté par trois paires de pattes à six articles et terminées par trois crochets aigus.

Le Rouget, comme les Tiques, rampe sur

les herbes et grimpe sur les épis des grami-
nées ou d'autres végétaux, surtout des gro-
seillers, puis s'attache aux animaux qui passent à sa portée. Tant par le moyen de ses
pattes qu'avec les palpes de son bec, qui constituent une pince puissante, il arrive à la
base des poils, dans les follicules desquels il
enfonce sa tête, pour absorber la matière
sébacée qui y est contenue; au besoin, il
perce la peau avec ses mandibules pour faire
sourdre de la sérosité, dont il se nourrit.

Ce petit acarien est, comme les acariens
psoriques, doué d'une salive venimeuse, car
ses piqûres provoquent de vives démangeaisons que certaines personnes connaissent bien, car il s'attaque aussi bien aux êtres
humains qu'aux petits quadrupèdes et même
aux jeunes poulets des parquets d'élevage.
On les accuse même de provoquer la mort
de ces derniers, ce dont nous nous permet-
trons de douter jusqu'à preuve du contraire.

Chez les chiens, c'est particulièrement
autour du museau et des yeux qu'ils s'attachent; nous en avons compté jusqu'à dix à la
base d'un seul poil où ils formaient comme
une petite croûte jaune. Sur des lièvres, nous
en avons récolté sur toutes les parties du
corps, et sur certains lapins de garenne nous
avons vu la peau fine du fourreau en être
tellement couverte qu'elle paraissait être le
siège d'un exsudat jaune-orange.

On débarrasse les chiens des rougets qui
se sont attachés à eux, et qui leur causent

de vives démangeaisons, en frottant les parties occupées par les parasites avec un petit chiffon imbibé de pétrole ou de benzine, mélangés par moitié d'huile d'olive. Une lotion d'une solution de sulfure de potasse à 2 0/0 tue aussi très bien ces petits animaux.

Bien que les Rougets aient des mœurs assez analogues à celles des Tiques, au point de vue du parasitisme, ils n'ont cependant pas l'habitude de s'acclimater dans les chenils et d'y pulluler : c'est que c'est un acarien à l'état larvaire qui n'a pas encore le pouvoir de se reproduire. Il n'y a donc pas à prendre à son égard les mêmes mesures de désinfection du chenil que l'on est obligé de prendre à l'égard des Tiques. Quand le Rouget est séparé du chien, il s'empresse de regagner les gazons ou les guérets pour y subir ses métamorphoses, car à l'état adulte il n'est plus carnassier, mais phytophage ; il vit alors du suc des plantes qu'il extrait des piqûres produites par son bec.

Les poux du chien. — Le chien a deux espèces de poux : un pou suceur ou piqueur, que les naturalistes ont nommé *Hématopinus piliferus* (fig. 28), et un pou gratteur, ou à mâchoires, nommé *Trichodectes latus* (fig. 29). Le premier a un millimètre et demi de long sur un millimètre de large ; il a la tête petite, prolongée par un petit bec avec lequel il perce la peau pour sucer le sang. Le second a deux millimètres de long sur 1 millimètre 75 de large ; il est par conséquent plus grand du double que le premier ; il a la tête grosse et large et des mâchoires avec lesquelles il ne peut que gratter l'épiderme ; il s'en sert surtout pour grimper le long des poils.

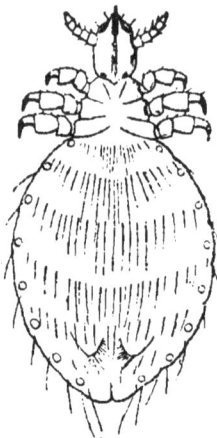

FIG. 28.
Petit pou du chien
(*Hématopinus piliferus*)

Ces parasites causent d'assez vives démangeaisons, surtout le premier. On les voit rarement chez les chiens à poil ras ; par contre, ils se plaisent et pullulent chez les chiens à toison touffue : caniches, griffons, etc. Aussi, pour les en débarrasser promptement, est-on obligé de les tondre, puis de leur faire prendre des bains sulfureux ou de les poudrer de bonne poudre de Pyrèthre, comme celle de la droguerie du Centaure.

Les poux se propagent par des œufs, ou lentes, qu'ils collent aux poils, et qui ne roulent pas dans le lit ou sur le sol comme ceux des puces. De ces œufs sortent, non des larves en forme de vers, mais de jeunes poux semblables aux parents, qui vivent comme eux au fond des poils. En sorte que la transmission des poux d'un chien à l'autre se fait par le

contact immédiat de deux individus de l'espèce
canine et non par l'intermédiaire du lit ou
du local comme les puces, et qu'il n'y a

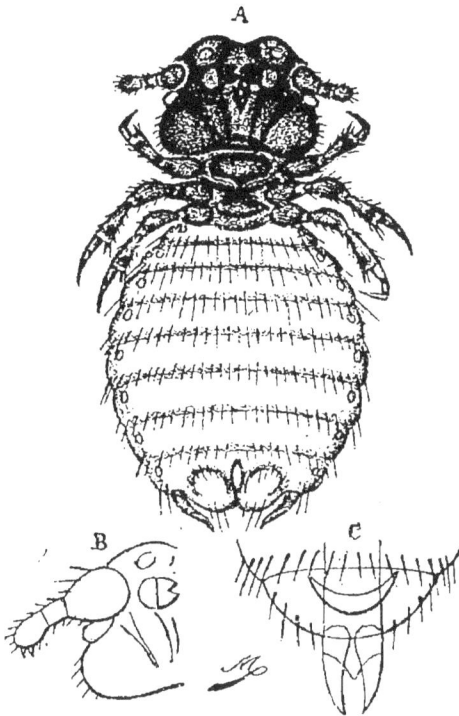

Fig. 29.
Gros pou du chien (*Trichodectes latus*).

pas lieu de désinfecter ces derniers pour
empêcher la pullulation des poux et leur
propagation.

Du reste, les poux ne vivent pas longtemps
loin de leur hôte et diffèrent essentiellement
des puces sous ce rapport.

L'état valétudinaire, aussi bien que la jeunesse, favorise la pullulation des poux, voilà pourquoi, pour en débarrasser un chien, il est nécessaire de fortifier la constitution et d'appliquer scrupuleusement tous les préceptes de l'hygiène la mieux entendue, aussi bien que les moyens de traitement que nous avons indiqués plus haut.

Aux parasiticides en question, nous ajouterons, comme très efficaces contre les poux, la poudre de cévadille, la poudre de graine de staphysaigre, employées, soit à même au fond des poils, soit incorporées à de l'axonge ou de la vaseline en forme de pommade, soit enfin additionnées à une solution de soude, surtout quand il s'agit de chiens à poils feutrés, comme les caniches; la formule suivante est alors très efficace :

Carbonate de soude. . . . 50 gram.

A dissoudre dans eau tiède 1 litre.

puis faire infuser dans cette solution :

Poudre de staphysaigre . . 10 gram.

Les gales du chien. — Parmi les nombreuses maladies de peau dont le chien est si souvent affecté, maladies que le vulgaire a de la tendance à confondre sous l'appellation générale de *gale*, les véritables gales, c'est-à-dire les maladies de la peau contagieuses causées par la pullulation, sous l'épiderme, de parasites microscopiques du groupe des acariens, sont relativement rares; il en existe deux variétés, dont l'une est relativement

bénigne, quoique très contagieuse, c'est la
gale sarcoptique, et dont l'autre est, au contraire, très grave, bien que, heureusement,
peu contagieuse, c'est la *gale folliculaire*.

A. — La *gale sarcoptique* du chien est assez
commune chez les jeunes sujets, et nous connaissons certains chenils de marchands où elle
est comme endémique — il est vrai que les
règles les plus élémentaires d'hygiène y sont
très mal observées. Elle paraît être très rare
dans le midi de la France.

Le parasite qui cause cette gale ressemble
exactement, pour les dimensions et pour la
forme, au *Sarcoptes scabiei* de l'homme, ce qui
explique qu'il puisse s'acclimater sur nous et
y déterminer la gale; seulement cette gale ne
paraît pas très tenace et on s'en débarrasse
facilement par quelques soins.

Le *Sarcoptes scabiei*, comme le montre la
figure 30 d'autre part, ressemble à une petite
tortue portée par huit pattes courtes, dont les
antérieures sont terminées par de petites
ventouses portées par un pédoncule cylindrique simple, et les postérieures terminées par
de longues soies — le mâle se distingue de la
femelle par sa plus petite taille et par sa dernière paire de pattes qui se termine aussi par
des ventouses.

Les femelles ont un tiers de millimètre de
long; les mâles ont un peu plus d'un cinquième
de millimètre.

Le chien contracte la gale au contact d'autres chiens galeux; il peut aussi la contracter

en cohabitant avec d'autres quadrupèdes atteints de la même gale ; ainsi le chien de berger
peut gagner la gale sarcoptique au contact de
moutons atteints de ce qu'on appelle vulgaire-
ment le *noir-museau*, qui est une véritable
gale sarcoptique occupant le museau et les
autres parties de la tête dépourvues de laine.
Le chien de chasse peut aussi contracter la gale
en chassant des animaux carnassiers comme le
loup, le renard, le blaireau, qui en sont souvent affectés. Enfin le chien peut contracter la
gale en habitant un chenil où auront logé des
chiens galeux et qui n'aura pas été désinfecté
avec soin par les procédés que nous indiquons
plus loin.

La gale sarcoptique débute généralement par
la tête et envahit ensuite rapidement toute la
surface du corps et les pattes. Elle a les caractères d'un eczéma, c'est-à-dire que la peau est
épaissie, plissée et couverte de croûtes grossièrement pulvérulentes, d'une odeur forte caracté-
ristique ; le tégument est rouge dans les parties
dénudées ; enfin elle s'accompagne de vives
démangeaisons avec exacerbations nocturnes.
Ces caractères étant ceux de tous les eczémas,
le diagnostic n'est certain qu'après l'examen
microscopique qui permet de reconnaître
l'existence, au milieu de croûtes, de sarcoptes
bien vivants ayant les caractères que nous
indiquons plus haut (1).

_____

(1) Pour la recherche des Sarcoptes et leur détermination exacte, voyez les détails donnés dans notre *Médecine
du Chien*, 1er volume, page 143.

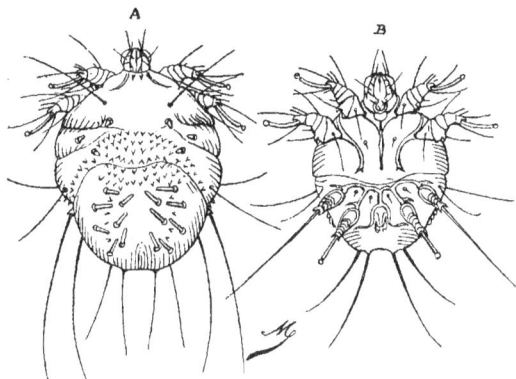

Fig. 30. — *Sarcoptes scabiei*, très grossi.
A femelle (face dorsale); B mâle (face ventrale).

La guérison d'un chien atteint de gale sarcoptique s'obtient assez facilement par le
traitement suivant : après la tonte préalable,
qui est indispensable, bains quotidiens, jusqu'à
guérison, dans une solution tiède de sulfure
de potasse à 1 pour 100 ; ou, toujours après
tonte générale, frictions avec la pommade
sulfureuse dite « d'Helmerich », sur tout le
corps, après un bon savonnage, suivies deux
jours après d'un nouveau savonnage. Si les
frictions et les savonnages ont été bien faits,
si on n'a négligé aucune partie du corps, la
guérison est généralement obtenue; on recommence le traitement, dans le cas contraire.

Un complément indispensable du traitement
de la gale sarcoptique du chien, c'est la désinfection du chenil. L'eau bouillante, dans ce
cas, est le meilleur désinfectant, car tout
acarien, ou tout embryon, ou œuf d'acarien,
qui serait resté dans le local en question,
sur le sol ou dans la paille, sera tué par l'eau
projetée bouillante et qui arrivera à les
toucher en ayant encore une température d'au
moins 70°.

B. — La *gale folliculaire* est une des maladies les plus graves du chien à cause de sa
ténacité, de la difficulté de son traitement
et de sa terminaison presque toujours fatale.

Elle a été méconnue pendant bien longtemps et c'est certainement le plus souvent à
cette maladie que l'on avait affaire dans celle
que l'on appelait *gale invétérée, gale rouge* et que
l'on regardait comme incurable chez le chien.

Delafond, lui-même, tout en connaissant parfaitement le parasite qui la cause, ne lui attri-
buait pas le rôle qu'il joue réellement parce
qu'il le regardait comme identique à une espèce voisine qui vit sur l'homme, chez lequel
elle détermine tout au plus la production de
quelques boutons d'acné sur la figure, affection
très peu dangereuse.

C'est à Lafosse et à Baillet, professeurs vétérinaires à Toulouse, que l'on doit la con-
naissance de la *gale folliculaire* et de sa gra-
vité.

Voici quelques renseignements sur le parasite qui cause cette grave maladie et que nous
extrayons d'un mémoire complet que nous
avons rédigé sur cet animalcule dans le *Journal de l'Anatomie* de Ch. Robin, en 1877.

Le *Demodex caninus*, qui diffère spécifique-
ment du *Demodex folliculorum* de l'homme, a,
comme celui-ci, une forme vermiculaire (fig.
31) ; son céphalo-thorax, qui est cuirassé, porte,
à l'âge adulte, quatre paires de pattes ; l'abdomen est mou, allongé et finement strié en travers, il a le double de la longueur du céphalo-
thorax. Le rostre, qui se trouve en avant du
céphalo-thorax, se compose de deux mandibules fixes faisant office de bêche et de deux
palpes maxillaires, terminés chacun par un
crochet avec lequel l'animalcule peut déchirer.

La longueur totale du parasite est de $0^{mm}25$
chez le mâle, et de $0^{mm}27$ chez la femelle.
Celle-ci pond de petites larves sans pied, res-

semblant à de petites soles, qui grandissent, muent, et acquièrent alors trois paires de. petites papilles tenant lieu de pattes. Après avoir

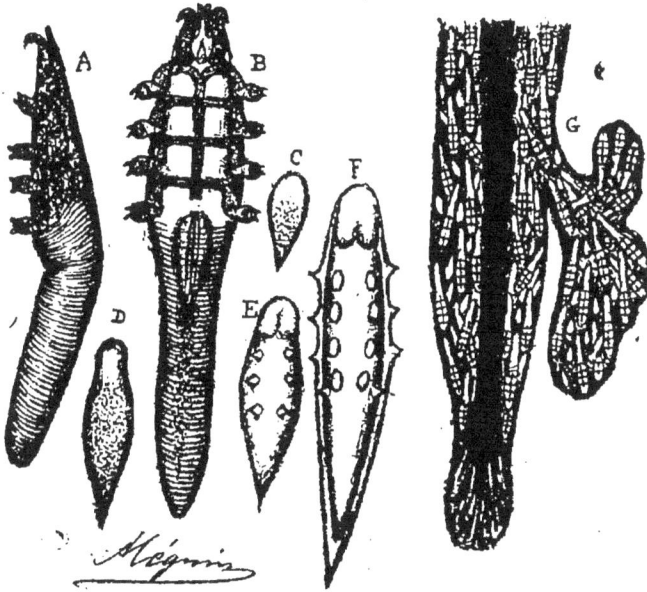

Fig. 31. — *Demodex caninus*, très grossi.

A mâle ; B femelle ; C larve embryonnaire ; D la même plus grande ; E larve hexapode ; F nymphe en voie de muer ; G un follicule pileux et une glande sébacée remplis de *Demodex*.

grandi encore et mué une deuxième fois, elles acquièrent quatre paires de papilles qui se transforment ensuite en pattes à trois articles terminés par deux ongles ; l'animalcule est alors adulte.

Les demodex habitent les follicules pileux et les glandes sébacées qui s'ouvrent dans ces follicules ; ils y sont toujours disposés la tête en bas et y sont souvent tassés en grand nombre.

Par suite de leur présence dans ces follicules et dans ces glandes et par suite aussi de l'action d'une salive venimeuse qu'ils y déversent, la secrétion des glandes s'exagère et celles-ci s'enflamment de manière à constituer un vrai bouton d'acné, qui s'accompagne d'une vive démangeaison et de la chute du poil. C'est la population de ces boutons qui, en essaimant littéralement, va peupler les follicules voisines du trop plein de leur contenu et c'est ainsi que la maladie s'étend de proche en proche en rayonnant, formant au début des cercles herpétiques et persistant longtemps sous cette forme chez les chiens à long poil, mais finissant par devenir confluents et par former de larges surfaces malades où la peau est épaissie, couvertes de croûtes, même sur les pattes qui sont tuméfiées comme si elles étaient atteintes d'éléphantiasis (1).

On ne distingue la *gale folliculaire* du chien de la *gale sarcoptique* et des nombreuses *affections eczémateuses* dont il est souvent atteint, que par l'examen microscopique des croûtes, l'isolement des parasites et leur détermination spécifique.

Le traitement de la gale folliculaire est dif-

_____

(1) Pour plus de détails sur les formes, les symptômes et le diagnostic de la *gale folliculaire*, voir notre traité de la *Médecine du Chien*, 1er volume, page 150 et suivantes.

ficile parce qu'il doit consister à tuer le
parasite, logé profondément dans l'épaisseur
de la peau, à la racine des poils, et protégé par
la matière sébacée qui ferme d'habitude l'entrée de sa niche. Les médicaments assez vio-
lents pour aller le tuer au fond de son
repaire, peuvent léser la peau d'une manière
très grave et irrémédiable. Le professeur
Saint-Cyr a conseillé, sans grand succès,
l'emploi d'un topique consistant en sublimé
corrosif (30 à 80 centigrammes dissous dans
30 grammes de glycérine).

On a conseillé la teinture d'iode (10 gram.)
dans de la glycérine (50 gram.), et cette préparation a été très efficace dans nos mains au début de l'affection.

Enfin, nous avons obtenu d'assez nombreux
succès, surtout chez des chiens adultes chez
lesquels la gale folliculaire est moins tenace
que chez les jeunes avec le liniment suivant :

> Essence de térébenthine. ⎫
> Huile de cade. . . . . . ⎬ *aa* 10 parties.
> Teinture de cantharide . ⎭
> Camphre. . . . .   4 parties.

appliqué pendant deux jours et suivi le troisième d'un bain de barège un peu fort (10 gr.
de sulfure de potasse par litre d'eau), et en
continuant ainsi jusqu'à guérison.

Deux spécialités : le *Topique américain* de
M. Bruant, pharmacien, et la pommade anti-
psorique du docteur H. Bouvret, réussissent
aussi parfaitement contre la gale folliculaire.
Nous en avons de nombreuses preuves.

9

Bien que la gale folliculaire soit infiniment moins contagieuse de chien à chien que la gale sarcoptique, ainsi que des expériences faites à l'école vétérinaire de Lyon l'ont démontré, les chenils qui ont été habités par des animaux atteints de cette affection peuvent néanmoins être assez infectés pour transmettre la maladie à d'autres chiens et doivent être désinfectés par les mêmes procédés et avec l'eau bouillante sulfureuse, comme nous l'avons indiqué plus haut pour la gale sarcoptique.

Les Teignes. — Dans l'ancienne médecine on appelait *teignes* toutes les maladies éruptives du cuir chevelu ; de même qu'on appelait *gales* ou *dartres* toutes les maladies qui apparaissaient dans les régions où la peau est nue. Comme on a reconnu par la suite que les teignes les plus graves étaient causées par des champignons microscopiques, on réserve maintenant le nom de *teignes* aux maladies de la peau, dues à des cryptogames infiniment petits, végétant sur les poils, dans les follicules ou dans les couches épidermiques qui les entourent.

Disons toute de suite que, quoi qu'on en ait dit, les *teignes* sont rares chez le chien.

Les champignons parasites dont on a constaté sûrement le rôle dans les différentes variétés de teignes, chez le chien, sont au nombre de trois espèces appartenant aux genres *Achorion* et *Trichophyton*. Chacune de

ces espèces détermine une teigne différente.
Les trois teignes des chiens portent les noms
de *Teigne faveuse*, *Teigne tonsurante* et *Teigne
épilante*.

A. *Teigne faveuse*. — Elle est causée par un

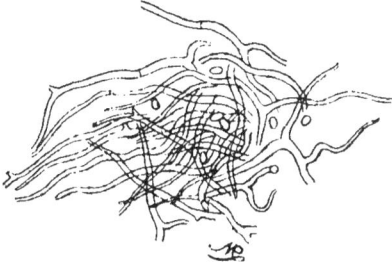

Fig. 32.

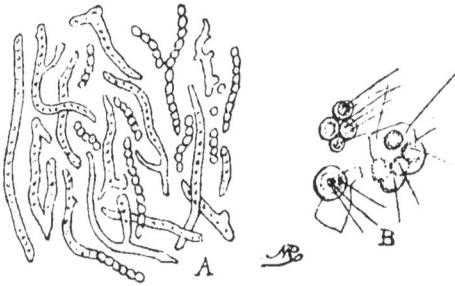

Fig. 33.

champignon que l'on a nommé *Achorion Ar-
loingi* (fig. 32), dont les différences avec
l'*Achorion Schœnleinii* (fig. 33), cause de la
teigne faveuse de l'homme, sont suffisamment
indiquées par les deux figures ci-contre pour
nous dispenser d'entrer dans des détails bota-
niques plus complets.

Dans la *teigne faveuse* du chien les croûtes
sont très irrégulières, rappelant celles du
lichen et formant, au début, des cercles herpétiques qui finissent par se rejoindre et
donner lieu à de grandes plaques pouvant en-
vahir tout le corps. Ces croûtes ne prennent
jamais la forme des *godets* qui est la caractéris-
tique de la teigne de l'homme et qu'on appelle
favi. L'examen microscopique des croûtes
montre le champignon en abondance et, un caractère que nous avons constaté lors d'une épidémie de teigne chez plusieurs petits chiens
d'un marchand d'oiseaux, c'est, qu'au début,
le mycélium, ou les rameaux du champignon,
est très abondant et les sporules rares, comme
le montre la figure 30, tandis que c'est le
contraire quand la maladie est plus avancée.

Comme traitement de cette affection, le
grattage des croûtes et des badigeonnages à
la teinture d'iode en ont facilement raison au
début. Quand la maladie est plus avancée on
combine ce traitement avec des lavages avec
une solution de sublimé à 1 et 2 pour 1000.
Seulement, comme le chien est très facilement
impressionnable par les sels mercuriaux il
faut surveiller la salivation et cesser immédiatement les lavages au sublimé, si on la voit
devenir abondante.

B. *La teigne tonsurante* est causée par le
Trichophyton tonsurant (fig 34) qui végète surtout aux dépens des poils. Elle se présente
sous la forme d'herpès ou de petites tonsures
arrondies de la grandeur d'une pièce de un ou

deux francs et peu isolées les unes des autres, sur lesquelles les poils agglutinés par des
croûtes grises, se cassent à deux ou trois millimètres de la peau ; celle-ci, débarrassée par
le grattage de la croûte qui la recouvre se présente à l'œil, intacte, avec une teinte ardoisée
et les poils rognés près de la peau comme
avec des ciseaux. Lors-
qu'on examine au micros-
cope les poils brisés mê-
lés aux croûtes, on voit
ces poils et les pellicules
épidermiques qui consti-
tuent les croûtes en
grande majorité, être re-
couvertes et envahis par
de fins corpuscules arrondis ayant de 3 à 4 millié-
mes de millimètres et ré-
fractant assez fortement
la lumière (fig. 34). Les
corpuscules ne sont autres

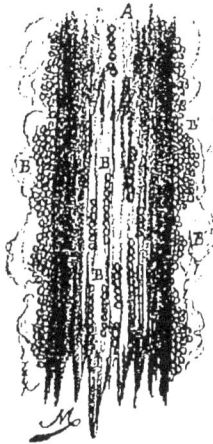

Fig. 34.

que les spores du champignon, le *Trichophyton
tonsurant* n'ayant presque pas de mycélium.

Cette variété de teigne est très rare dans le
nord de la France où nous ne l'avons jamais
vue que transmise, expérimentalement, du cheval, qui l'apporte fréquemment des paturages
de Normandie. Elle paraît plus commune
dans le midi, où le docteur Lespiau l'a observée sous forme d'épidémie, à Amélie-les-bains,
sur un grand nombre de chiens qui la commu-
niquèrent à une trentaine de personnes. Le

traitement qu'employa le docteur Lespiau et
qui réussit à guérir ses malades, bêtes et gens,
consista en badigeonnages avec le glycérolé
suivant :

Tannin. . . . . 1 gramme
Teinture d'iode . . . . . . 10 —
Glycérine. . . . . 20 —

C. La teigne causée par le *Trichophyton epilans* (fig. 35) n'a encore été observée que sur
des chiens d'expérience, et par nous-même.
Voulant montrer les différences que présente
cliniquement le *Trichophyton epilans* que nous
avons été le premier à distinguer du *Trichophyton tonsurans*, qui est commun sur le cheval tandis que le premier l'est surtout sur le
bœuf chez lequel il cause une teigne qui était
confondue, malgré les différences objectives
qu'elle présente, avec la teigne tonsurante du
cheval. Nous avons inoculé à un jeune chien
de trois mois et côte à côte les deux *trichophy-
tons* en question. Or, tandis que le *tonsurans*
produisit un herpès avec tous les caractères
que nous décrivons plus haut, l'*epilans* produisit un herpès de même dimension, mais à
surface ulcérée sur laquelle l'épiderme était
détruit et les poils entièrement avulsés, au
lieu d'être simplement brisés. Ainsi placés
côte à côte, les caractères distinctifs des deux
teignes sautaient aux yeux. C'est ce qui fut
constaté par tous les membres de la Société
de Biologie, dans sa séance du 13 novembre
1879, auxquels nous avions présenté notre
sujet d'expérience.

Bien que plus tenace que la *teigne tonsurante*,
la *teigne épilante* se traite de la même manière
par des topiques à base de teinture d'iode.

Désinfection du chenil qui a logé des chiens

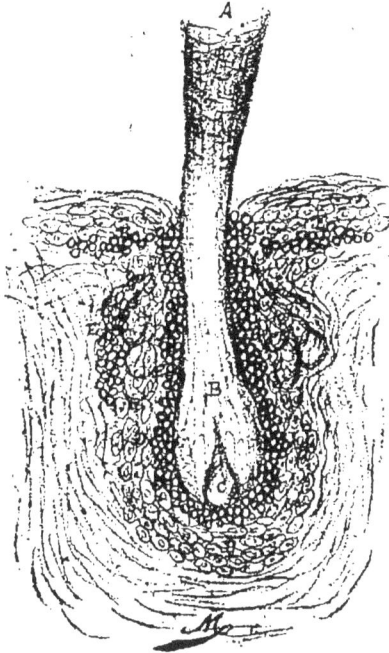

Fɪɢ. 35.

teigneux. — Le chenil qui a contenu des chiens
teigneux doit être désinfecté avec beaucoup de
soins par des lavages avec la solution de sublimé au millième, additionnée de quelques grammes, par litre, d'acide tartrique, ce qui rend
plus active l'action parasiticide du sublimé.
La désinfection au sublimé, doit-être suivie,

à quelques heures d'intervalles, de lavages à grande eau, pour enlever toute trace du sel mercuriel, parce que, nous le répétons, le chien est très sensible à l'action de ces sels.

Otite parasitaire (*Epilepsie contagieuse des chiens de meute*). — En 1881, au mois de janvier, nous fûmes témoins d'une maladie bien extraordinaire chez des chiens. Un riche propriétaire des environs du Havre, abonné au journal d'élevage auquel nous collaborions à ce moment, nous soumettait le cas suivant : il avait plusieurs chiens de chasse chez son garde, qui tous, bien que de races différentes (il y avait des chiens courants, des griffons, des bassets) étaient affectés d'une maladie épileptiforme qui les amenait régulièrement et successivement à l'étisie, puis à la mort, après plusieurs mois de souffrances. Cet état de choses durait depuis plusieurs années et tous les chiens qu'il achetait pour remplacer ceux perdus, finissaient, au bout de trois ou quatre mois, par prendre la maladie et par en subir les conséquences inévitables. Son garde était au désespoir, car, bien qu'il eût désinfecté son chenil et blanchi les murs à la chaux plusieurs fois, le mal ne disparaissait pas.

Ayant manifesté le désir d'avoir à notre disposition un des sujets malades, afin do pouvoir étudier *de visu* cette singulière affection, nous reçûmes un beau griffon courant que son maître se disposait à tuer pour faire cesser ses souffrances.

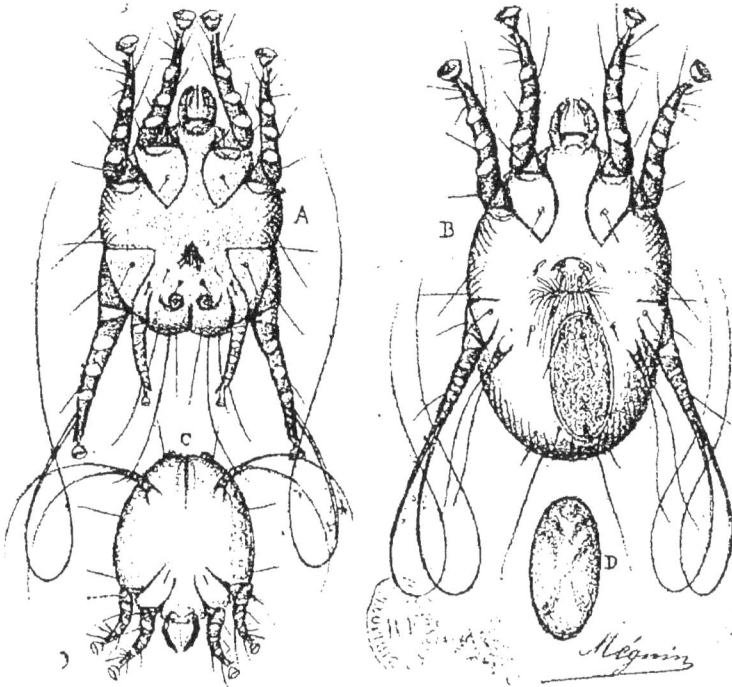

Fig. 36. — *Symbiotes ecaudatus.*

A. Mâle. — B. Femelle ovigère. — C. Femelle pubère. — D. Œuf.

Pendant huit jours, nous le soumîmes à une observation de tous les instants, et nous fûmes témoin des accès épileptiformes qui le prenaient de temps en temps, exclusivement après un exercice un peu violent, et surtout des secousses qu'il imprimait à ses oreilles presque continuellement. Ayant examiné l'intérieur de ces organes, nous constatâmes que le conduit auditif était tapissé d'une abondante couche de cérumen couleur de suie. Ce cérumen, recueilli et examiné au microscope, se trouva habité par une nombreuse population acarienne dans l'espèce de laquelle nous reconnûmes notre *Chorioptes ecaudatus* que nous avions déjà rencontré chez des chats chez lesquels il détermine de véritable accès de folie furieuse, et chez les furets qu'il surexcite beaucoup moins, mais qu'il n'en conduit pas moins à une affection cérébrale mortelle.

La preuve que ce parasite était bien la cause de l'affection du chien de M. S., c'est que des injections répétées chaque jour d'une solution tiède de sulfure de potasse au centième, qui tuèrent tous les acariens, firent cesser complètement les accès épileptiformes de l'animal que nous avions en observation et le même traitement débarrassa le chenil de M. S. de la même affection qui y régnait depuis longtemps.

Le *Chorioptes* ou *Symbiotes ecaudatus* (fig. 36), appartient au groupe des acariens psoriques (nous ne le décrirons pas ici, nous contentant d'en donner la figure, renvoyant pour l'étude

de son organisation, de ses mœurs, de son rôle
et des lésions qu'il cause, à notre *Traité de la
médecine du Chien*). — Il fait son habitat exclu-
sif du conduit auditif des carnassiers. La présence de ce parasite explique le caractère contagieux que revêt l'*Otite parasitaire* ou *Epilepsie
contagieuse des chiens de meute*.

Le traitement de cette affection, comme
nous l'avons dit, consiste exclusivement dans
l'introduction de topiques acaricides dans les
oreilles, que l'on fasse usage d'huile empy-
reumatique étendue d'eau, comme le fit le
professeur allemand Hering, ou d'eau de
barége artificielle, confectionnée en faisant
dissoudre dans de l'eau tiède 10 grammes par
litre de sulfure de potasse et qui nous a si
bien réussi ; ou encore de la pommade de
Naphtol dans de la glycérine, comme l'a conseillé M. Nocard, le résultat sera le même.

Mais un complément indispensable en raison des propriétés contagieuses de l'affection,
qui est une véritable psore du conduit auditif,
c'est une désinfectation parfaite du chenil, à
laquelle on procédera, comme pour les autres
affections psoriques du chien, c'est-à-dire par
des projections d'eau bouillante qui sera encore plus efficace si elle est chargée de prin-
cipes sulfureux solubles, dans tous les coins
et recoins du local qui aura été habité par des
chiens atteints d'*otite parasitaire*, et surtout des
planchers sur lesquels ils auront couché, après
après avoir eu soin d'en enlever la paille et de
la brûler.

Vers intestinaux. — Les affections vermineuses sont très fréquentes chez les chiens,
surtout chez les jeunes et c'est certainement

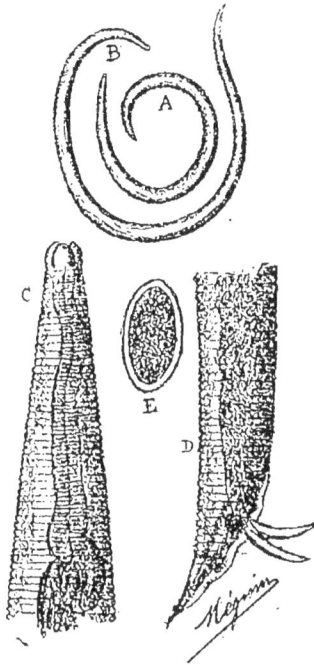

Fig. 37. — *Ascaris mystax.*

la cause de mort la plus fréquente dans le tout
jeune âge.

A. *Ascarides.* — A la mamelle, les chiots sont
tourmentés par des ascarides d'une espèce
commune à presque tous les mammifères carnassiers et que les naturalistes ont nommée
Ascaris mystax (fig. 37) ; ce sont des vers ronds
et blancs, dont les plus grands, qui sont des

femelles (B), ont de 8 à 14 centimètres de long
sur 2 à 3 millimètres d'épaisseur ; les mâles (A)
sont un peu plus petits et plus courts ; enfin,
aux vers adultes s'en trouvent souvent mêlés
de plus petits, filiformes, qui sont des jeunes
non encore sexués. La figure A représente le
mâle, la figure B la femelle, la figure C la
tête de ce ver grossie, et la figure D l'extrémité postérieure du mâle aussi grossie ; enfin
la figure E représente un œuf comme la
femelle en pond des milliers, grossi 220 fois.

Les œufs, pondus par les femelles et expulsés avec les déjections, sont entraînés par les
eaux de lavage des chenils, et ce n'est que
plusieurs semaines après que de ces œufs
sortent des embryons microscopiques qui vivent dans l'eau pendant très longtemps, jusqu'à ce que l'occasion leur permette de rentrer dans l'organisme d'un chien jeune ou
vieux, pour s'y développer et obéir aux lois
de la reproduction.

Il n'est pas nécessaire que les œufs d'ascarides soient dans l'eau pour que l'embryon se
développe dans son intérieur après avoir subi
toutes les phases de la segmentation ; nous
avons souvent trouvé de ces œufs dans les
poussières de la peau des chiens, dans lesquelles l'embryon était parfaitement développé
et vivant : ces œufs proviennent de femelles
d'ascarides pleines d'œufs rendues par le
chien, tombées sur la paille de sa couche,
écrasées par lui en se couchant, et leurs œufs
restant adhérents aux poils ou à la peau.

Qu'une chienne nourrice ait ainsi des œufs d'ascarides adhérents à la peau de son ventre ou de ses mamelles, — cela est très général — on comprend qu'ils puissent être ingérés facilement par les jeunes chiots encore aveugles et cherchant leurs tétines.

C'est ainsi que, chez les tout jeunes chiens, les vers se développent, bien qu'ils n'aient encore absorbé que le lait de leur mère, et ils s'y développent d'autant plus facilement que l'organisme des jeunes animaux est particulièrement propre à la multiplication de ces parasites.

Nous passons sous silence les symptômes et les effets produits par les ascarides, renvoyant pour cela à notre *Traité de la médecine des chiens*, que nous avons déjà souvent cité. Ici, nous devons particulièrement nous occuper des moyens de prévenir l'invasion des chiens par les parasites vermineux, en considérant que les affections qu'ils produisent sont de véritables maladies contagieuses ou infectieuses.

On prévient les affections vermineuses qui déciment souvent des nichées entières, en tuant les parasites qui en sont la cause.

On tue les ascarides dans le corps des chiens ou des chiots qui en sont affectés, soit en leur ingurgitant du *semen-contra* frais, en grain ou en poudre, à la dose d'un gramme pour les petits ou deux grammes pour les grands, ce qu'on fait facilement en en confectionnant des boulettes avec un peu de beurre,

soit en leur administrant de la *santonine*, prin-
cipe actif du *semen-contra*, à la dose de 10 à
20 centigrammes; le calomel (protochlorure
de mercure, mercure doux), à la dose de 0,25
à 0,50 centigrammes; la poudre de noix d'Arek
à la dose de 1 à 3 grammes; ce sont tous
d'excellents vermifuges à employer contre l'as·
caride des chiens. L'ail dans l'alimentation
des chiens prévient aussi le développement
des ascarides.

Sachant que des œufs embryonnés d'ascarides peuvent exister et existent souvent sur
la peau ou dans les poils des chiennes, on les
éliminera par des pansages fréquents, par des
lavages avec de l'eau savonneuse ou sulfureuse, ou salicylée.

Enfin le sol des chenils, la paille des lits,
le sol des cours, et surtout les flaques d'eau
persistant après les lavages de ces locaux,
pouvant être le réceptacle d'œufs et d'embryons
d'ascarides, on les détruira par des désinfections fréquentes à l'eau bouillante projetée
dans tous les coins et recoins, et cette eau
sera encore plus efficace si elle contient en
dissolution de l'acide salicylique (2 grammes
par litre), du carbonate de potasse et même du
sel marin à la dose d'une cinquantaine de
grammes par litre.

B. *Les Ténias*. — Le chien est très fréquemment, ou peut dire presque constamment,
affecté de ténias; les deux espèces les plus
communes et qu'on trouve ordinairement réu-
nies sont le *Tænia serrata* et le *Tænia cucumerina*.

Le *Tænia serrata* est un ver plat, rubané, d'une longueur de 20, 50 et même 80 centimètres, sur 5 à 6 millimètres dans sa plus

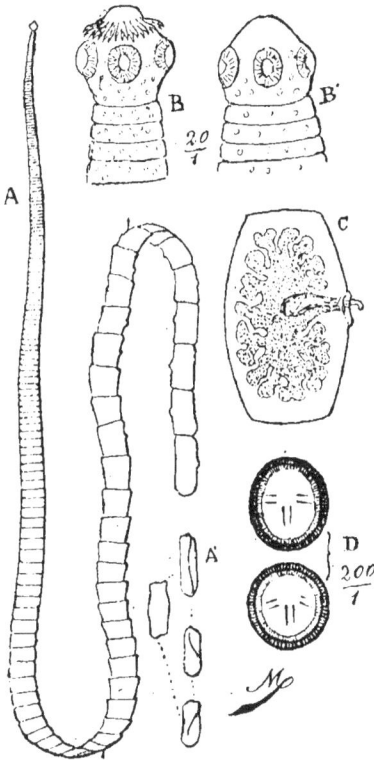

FIG. 38. — *Tænia serrata*, ou commun, du chien.

grande largeur, et pouvant être composé de plus de deux cents anneaux. La tête, ou *scolex*, est quelquefois un peu plus large, ou de même largeur, que le cou, ou partie du corps qui vient

immédiatement après; à son sommet, qui est
un peu saillant, elle porte une double couronne
de 34 à 46 crochets, absents chez les individus
âgés, et quatre ventouses (fig. 38, A, B, B').
Les derniers anneaux, qui sont remplis d'œufs
microscopiques nombreux, se détachent et

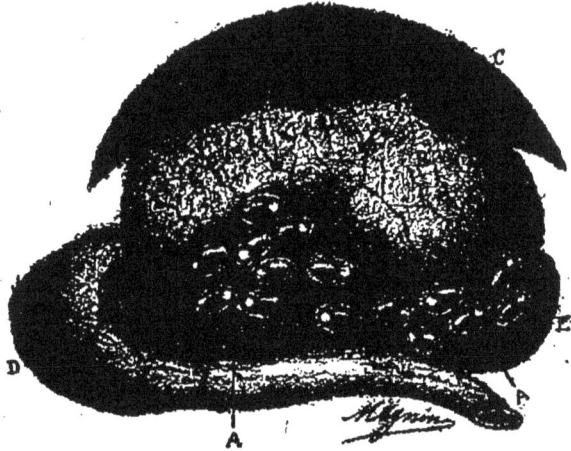

Fig. 39. — Cysticerque pisiforme du lapin.

sont expulsés avec les crottes sur lesquelles ils
tranchent par leur couleur blanche et par
leurs mouvements de reptation et de contrac-
tion qui leur donnent toutes sortes de formes
(fig. 38 A'), car ils sont parfaitement vivants,
quoique détachés et séparés du ver, qui est
une véritable colonie, chaque anneau étant un
être parfait à la phase reproductrice.

Le *Tænia serrata* habite l'intestin grêle du
chien, toujours en nombreuse compagnie :
nous en avons compté une fois *soixante-sept*

individus très complets, qui s'étaient réunis
en une pelote obstruant complètement la
lumière de l'intestin, ce qui avait amené la

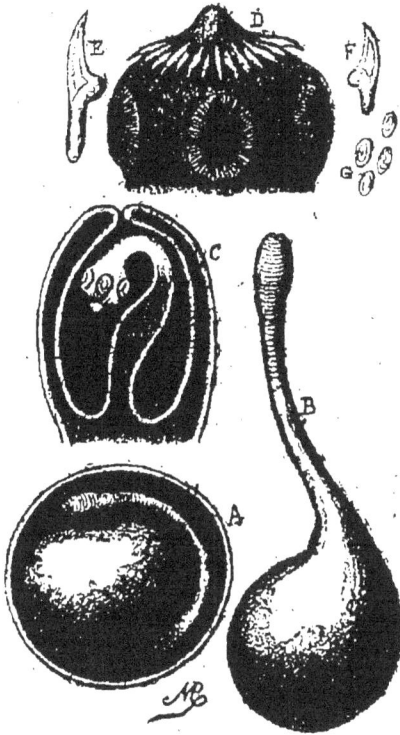

Fig. 40. — *Cysticercus tenuicollis.*

mort du chien, à l'autopsie duquel nous avons
récolté cette collection.

Le *Tænia serrata* a généralement pour origine un ver vésiculaire très commun chez le
lapin : le *Cysticercus pisiformis* (fig. 39), qui a le
volume et la forme d'un grain de groseiller à

grappes, avec une tête microscopique semblable à celle du *Tænia serrata* et qui se trouve quelquefois très nombreux dans l'épiploon et près du foie, de la rate et de l'estomac de ce rongeur. Autant de cysticerques pisiformes un chien ingérera, autant de *Tænia serrata* se développeront dans son intestin. Ce ténia n'a pas seulement cette origine, nos observations cliniques, poursuivies pendant trente ans, nous ont démontré que le *Tænia serrata* se développe très souvent chez le chien, surtout chez les chiens de luxe, qui jamais ne dévorent d'entrailles de lapin, sans l'intermédiaire du cysticerque pisiforme, soit par des embryons se trouvant dans les eaux de boissons, soit par des œufs adhérents à leurs poils ou aux poils de leurs parents ou camarades, et qu'ils ingèrent en se lèchant. Il y aurait donc un développement direct de ce Ténia, indépendamment du développement par l'intermédiaire du cysticerque pisiforme.

Deux autres espèces de vers vésiculaires, le *Cysticercus tenuicollis* (fig. 40), qui vit dans la cavité abdominale des moutons et des autres ruminants domestiques ou sauvages, et le *Cœnurus cerebralis* (fig. 41), qui se développe dans le cerveau du mouton ou du jeune bœuf, — chez lesquels il détermine la maladie connue sous le nom de *Tournis*,— lorsqu'ils sont ingérés par le chien, donnent lieu chacun à une espèce de ténia qui ne se distingue en rien, à l'œil nu, du *Tænia serrata* et dont l'action est la même. On a nommé le premier *Tænia marginata* et le second *Tænia cœnurus*.

Le *Tænia eucumerina* (fig. 42), se distingue
facilement des précédents par son aspect
filiforme et par ses derniers anneaux mûrs,

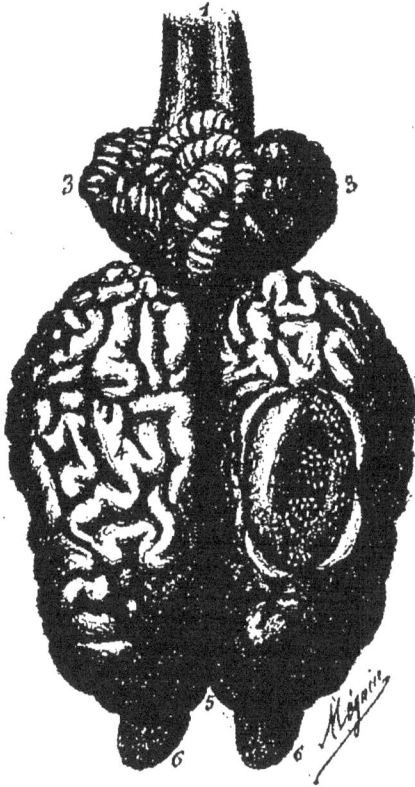

Fig. 41. — Ver vésiculeux cœnure, dans un cerveau
de mouton.

beaucoup plus petits que ceux du *Tænia serrata*, à peu près cylindriques et arrondis aux
deux bouts, comme un grain de riz un peu
allongé et de couleur rosée. Sa tête, extrême-

ment petite, vue au microscope, est armée
d'une quadruple rangée de petits crochets en

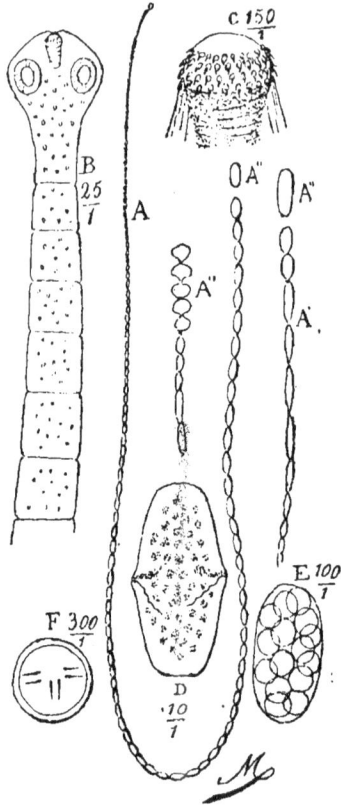

Fig. 42. — *Tænia cucumerina.*

forme d'aiguillons de rosier et de quatre
ventouses. Les organes génitaux sont doubles
sur chaque anneau.

Le ténia eucumérin habite l'intestin grêle

des chiens, ordinairement en compagnie du *tænia serrata* ; mais, tandis que celui-ci ne commence guère à s'observer que chez les adultes et tout au plus chez les adolescents, on voit déjà le ténia eucumérin chez les tout jeunes chiens à peine sevrés.

Son cysticerque — duquel certains savants prétendent qu'il provient toujours — est microscopique et habiterait, suivant les uns, dans l'abdomen du gros pou du chien (*Trichodectes latus*), et suivant les autres dans le ventre de la puce du même.

Nous ne nions pas que certains ténias cucumérins aient cette origine, mais nous avons tant vu de chiens de dames qui n'avaient ni poux, ni puces, non plus que leur compagnons, être néanmoins tourmentés par cette espèce de ténia que nous sommes convaincu que, comme pour le *Tænia serrata*, son développement est direct dans la majorité des cas, et qu'il provient alors, soit d'embryons vivant dans l'eau à la manière des infusoires, soit d'œufs adhérents aux poils et qu'ils ingèrent en se léchant.

Le Ténia echinocoque. — On a trouvé quelquefois, dans l'intestin du chien, en Belgique, en Allemagne, en Danemarck, rarement en France, de tout petits ténias du volume et un peu de la forme d'une graine de lin, n'ayant que quatre anneaux dont le dernier, mûr, est aussi gros que tout le reste et qu'on avait nommé *Tænia nana* (fig. 43) ; ce nom est devenu plus tard *Tænia echniococcus*, quand Van Beneden et Leuckart, eurent reconnu, à la suite d'expériences répétées, que ce ténia provenait de l'ingestion de vers vésiculaires, ou hydatides, nommés *Echinocoques* et que

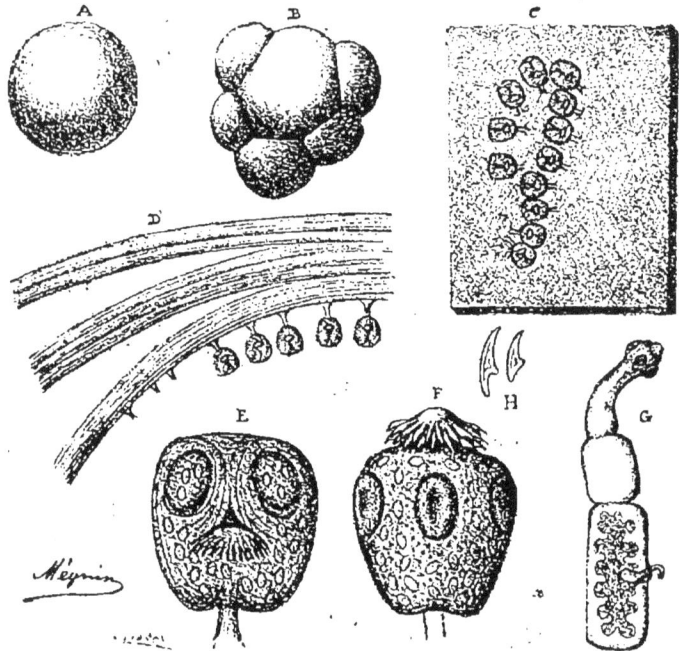

Fɪɢ. 43.

A, B, Hydatides à Echinocoques; C, D, E, F, Echinocoques à divers grossissements; G, *Tænia echinococcus* grossi.

l'on rencontre quelquefois dans le foie, les poumons ou les muscles des moutons, des bœufs, des porcs, du cheval et même de l'homme.

Ce ténia est peu dangereux en raison de son petit volume.

Le Bothriocéphale. — Un autre ver plat que
l'on trouve aussi quelquefois chez le chien,
mais bien rarement en France, car nous ne
l'avons encore vu qu'une seule fois, est un
Bothriocéphale dont on a voulu faire une
espèce spéciale, mais qui, pour nous, ne se
distingue du Bothriocéphale de l'homme (*Bo-
thriocéphalus latus*) que par des dimensions
plus petites, tenant sans doute à la différence
d'habitat; c'est au moins ce que nous avons
constaté dans le cas unique que nous avons
observé.

Le Bothriocéphale (fig. 44) est un ver plat
comme le *Tænia serrata*, divisé d'une manière
analogue en anneaux à peu près semblables,
mais il s'en distingue en ce que sa tête n'est
ni ronde ni garnie de ventouses et de crochets, mais oblongue et munie de deux fentes
longitudinales de chaque côté (bothridies), de
plus, les organes sexuels, qui, chez les ténias,
sont sur le bord des anneaux et généralement
alternants, sont, chez le Bothriocéphale, sur
le plat, au milieu des anneaux, où ils figurent
chacun un tubercule saillant, d'où résulte un
aspect tout particulier de ce ver qui le fait
distinguer à première vue des vrais ténias.

On regarde le Bothriocéphale comme particulier à certains pays, comme les bords du lac
de Genève, de la Vistule ou des lacs de la
Russie, ce qui avait porté à admettre que son
cysticerque vivait dans certains poissons
qui devenaient par suite les agents de sa
transmission. Et, de fait, des expériences faites

en Russie ont démontré que certains poissons ont, dans leurs tissus, un cysticercoïde
qui, ingurgité par le chien, se développe
dans ses intestins sous forme
de Bothriocéphale.

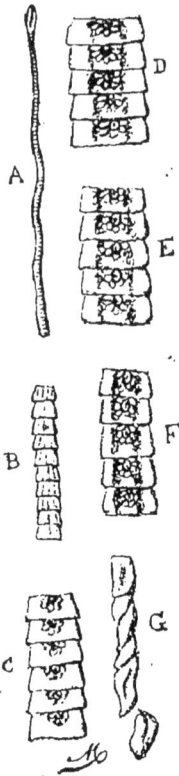

Ce moyen de propagation
n'est certainement pas le principal et il est probable que
l'eau, pour ce parasite comme
pour la grande majorité des
autres parasites vermineux,
est le grand véhicule des germes et par suite le principal
agent de transmission, surtout pour le Bothriocéphale
dont l'embryon est un véritable infusaire cilié pouvant
vivre longtemps dans l'eau.
Dans tous les cas, nous avons
fait, à Vincennes, l'autopsie
d'un chien né et élevé dans
cette localité, ne l'ayant jamais quittée, et dans l'intestin duquel nous avons trouvé
un splendide bothriocéphale
en compagnie de plusieurs
ténias en scie, et certainement ce chien n'avait ja-
mais mangé de poissons du
lac de Genève, de la Vistule, ou des lacs de
la Russie.

Le chien peut avoir dans ses intestins un
certain nombre de ténias, sans que sa santé

Fig. 44.
Bothriocéphale.

ait à en souffrir et il est même ordinaire que
les chiens en aient quelques-uns. Cependant
la dispepsie peut être la conséquence de la
présence de ces parasites et leur grand nombre peut amener des obstructions intestinales
mortelles, comme nous avons pu le constater.
Il y a donc indication à en débarrasser un
chien quand on est assuré, par la présence
d'anneaux dans les déjections, qu'il en est affecté.

On a proposé bien des remèdes contre le
ténia. Les Anglais emploient beaucoup les
purgatifs mercuriels (calomel, ou mercure
doux, à la dose de 0,50 centigrammes en sus-
pension dans une cuillerée de sirop). Et aussi
la poudre de noix d'arek, à la dose d'un à
trois grammes en boulettes avec un peu de
beurre, soit seule, soit unie au calomel.

En Allemagne, on emploie beaucoup aussi
la noix d'arek, et depuis quatre ou cinq ans
nous en faisons aussi usage, et nous en sommes
très satisfait.

Delabère Blaine conseillait surtout l'essence
de térébenthine à la dose de trois ou quatre
drachmes (12 à 16 grammes), suivant la force,
la taille et l'âge du chien, donnée pendant
quelques jours dans un jaune d'œuf.

On peut donner au Chien les mêmes téni-
fuges qu'à l'homme et à la même dose : ainsi,
l'infusion d'écorces fraîches de racine de gre-
nadier, la poudre de racine de fougère mâle,
le cousso, le kamala, etc., peuvent être em-
ployés.

Comme moyens préventifs, sachant que les entrailles de lapins contenant des cysticerques pisiformes donnent le *tænia serrata ;* que les entrailles de moutons avec cysticerques à long cou donnent le *tænia marginata ;* que les têtes de moutons ou de veaux affectés de tournis donnent le *tænia cœnurus ;* on aura soin d'éviter de les nourrir avec ces substances, surtout quand elles ne seront pas parfaitement cuites. Enfin les œufs et les embryons de ténias pouvant se trouver dans les poils des chiens, dans la paille de leurs lits, sur le sol des chenils, on emploiera les mêmes moyens de propreté à l'égard des chiens et les mêmes moyens de désinfection à l'égard des chenils, que ceux que nous avons déjà indiqués à propos des vers ronds, ou ascarides. Enfin, on s'attachera à ne leur donner que de l'eau pure de source, ou de rivière filtrée.

L'Ankylostome, ou *Dochmie trigonocephale.* — (Fig. 44), est un petit ver rond, atténué à ses extrémités, long de 13 à 15 millimètres chez la femelle et de 10 à 12 millimètres chez le mâle ; les deux sexes se distinguent encore par leur extrémité caudale qui est conique, aiguë chez la femelle et élargie en une bourse membraneuse à deux valves chez le mâle, comme chez tous les Strongles, groupe auquel appartient ce ver ; on voit de plus, chez le mâle, deux longs spicules qui aboutissent au centre de la bourse caudale, et, dans le corps de la femelle, un ovaire tubulaire à nom-

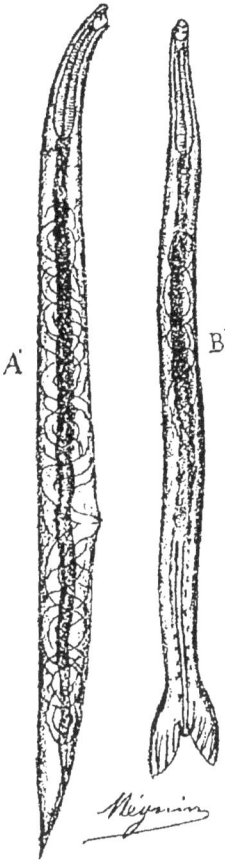

FIG. 44.— *Ankilostome.*
A femelle ; B. mâle,
(grandeur naturelle)
A' B' les mêmes grossis.

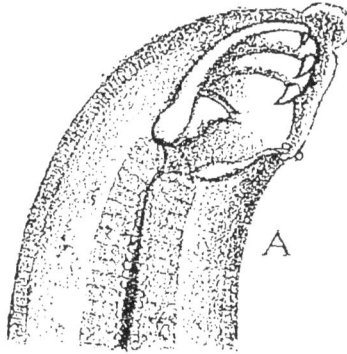

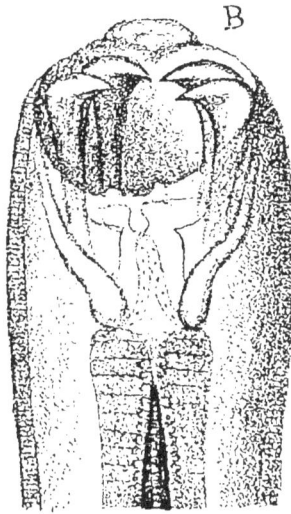

FIG. 45. — Tête de l'*Ankilostome.*
A vue de profil ; B de face.

breuses circonvolutions, renfermant un nombre considérable d'œufs, à différents degrés
de maturité. La bouche est la même chez les
deux sexes, elle est triangulaire, à angles très
arrondis, et armée de quatre, souvent de six
dents, très aiguës, au moyen desquelles le
parasite s'attache aux villosités intestinales
(fig. 45). Ce ver a des glandes salivaires qui
secrètent un liquide très irritant et compa-
rable à celui des Acariens psoriques, car
les morsures de ce petit ver, qui est infiniment
plus dangereux que tous ceux que nous venons
de passer en revue, produisent une tuméfaction
chronique de la muqueuse intestinale et surtout des villosités, qui rendent les régions qui
en sont le siège, impropres à l'absorption.
Aussi, quand les Ankylostomes sont assez
nombreux et qu'ils ont parcouru toute la longueur de l'intestin, depuis le duodenum à
l'ileon, en faisant des morsures à toutes les
stations, la muqueuse intestinale tout entière
devient impropre à l'absorption des substances nutritives contenues dans le chyme,
et la production chilifére intestinale est per-
vertie et presque abolie ; de là une anémie
progressive que nous avons nommée *Anémie
pernicieuse des chiens de meute*, par analogie
avec une maladie analogue de l'homme causée par un parasite semblable et qui affecte
particulièrement les mineurs ; et aussi parce
que ce sont particulièrement les chiens courants réunis en meute et surtout ceux qu'on
appelle bâtard anglais, qui sont victimes de

cette affection. — (Pour l'étude complète de cette maladie, que les chasseurs appellent aussi *saignement de nez*, à cause d'un symptôme fréquent, mais non constant, qu'elle présente souvent, nous renvoyons à notre livre sur la *Médecine du Chien*, 1er volume, p. 55-80.)

Pour guérir l'anémie grave, et invariablement mortelle si on l'abandonne à elle-même, que causent les Ankylostomes, il faut d'abord tuer ces parasites, puis rétablir le fonctionnement de l'intestin en combattant l'entérite aiguë ou chronique, que leurs morsures ont déterminée ; enfin, détruire l'élément contagieux qui est représenté ici par les œufs et les embryons des helminthes en question. Ces embryons vivent dans les eaux des chenils et surtout dans les flaques ou ruisseaux qui persistent dans les cours, après le lavage du sol des chenils qu'habitent ou ont habité des chiens atteints d'anémie pernicieuse, ou produits par les eaux de pluie qui ont délayé les déjections de ces animaux, lesquelles déjections contiennent des milliers d'œufs.

C'est en buvant dans ces ruisseaux ou flaques, ce que les chiens font volontiers comme on sait, qu'ils se contaminent.

Nous avons fait rendre des paquets de Dochmies ou d'Ankylostomes, à des chiens atteints d'anémie pernicieuse en leur administrant de bonnes doses de Kamala, de poudre de noix d'arek (2 à 3 grammes), unis ou non au Calomel, ou tout autre ténifuge énergique. L'arsenic, à la dose de 5 ou 6 milligrammes par jour, est aussi un bon vermicide, en même temps qu'un excellent reconstituant.

Après l'expulsion des parasites, il y a lieu de combattre l'entérite et l'anémie qui en sont la conséquence par le lait, le sang, la viande crue, de cheval surtout, et en continuant l'arsenic à la dose indiquée plus haut, combiné avec le bi-carbonate de soude (5 à 6 milligrammes par jour).

Pour éviter les rechutes et détruire les causes de contagion, il faut, à tout prix, que les chiens ne boivent que de l'eau parfaitement pure, de source, ou bouillie, pour être sûr qu'elle ne contient pas d'embryons d'Ankylostome. Il faudra, de plus, éviter toute trace d'humidité et surtout les flaques persistantes sur le sol des chenils ou dans la cour, tout en le désinfectant fréquemment avec de l'eau acidulée d'acide salicylique à la dose de deux grammes par litre, ou d'acide sulfurique dans les mêmes proportions. Dans les chenils humides, très malsains sous bien d'autres rapports, l'anémie pernicieuse est inguérissable ; aussi ces chenils doivent-ils être supprimés, s'ils ne peuvent être améliorés à fond sous ce rapport.

Le Trichocéphale du chien. — Le Trichocéphale du chien (*Trichocéphalus depresciusculus*) (fig. 46), est un ver rond, long de 4 à 5 centimètres, composé de deux parties, une antérieure, filiforme ou capillaire, qui occupe les trois quarts de la longueur totale, une posté-

11

rieure, épaisse de deux millimètres, un peu
arquée ; le mâle se distingue de la femelle par
son extrémité postérieure enroulée, d'où sort
un spicule unique, assez long. La femelle pond
des œufs microscopiques, facilement recon-

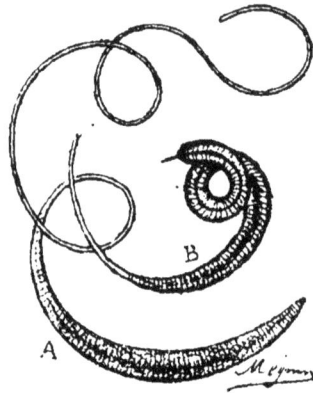

Fig 46. — Trichocéphale du chien grossi.
A femelle; B mâle.

naissables en ce que chaque extrémité est
rétrécie en une petite calote saillante.

Le Trichocéphale du chien habite généralement le cœcum, qui est très petit chez cet
animal; il y est planté dans la muqueuse par
son extrémité céphalique filiforme qui y est
enfoncée d'au moins un centimètre, très
obliquement et attachée ainsi d'une manière
permanente.

Tous les helminthologistes qui ont parlé de
ce ver ne l'ont vu que dans le cœcum et
regardé comme inoffensif. Nous avons cepen-

dant constaté, au commencement de 1892, la
mort de deux chiens de chasse, petits griffons
courants, appartenant à un chasseur du Loi-
ret, tués par une anémie grave amenée par le
ver en question.

En effet, à l'autopsie des cadavres de
ces deux chiens, qui avaient été réduits
littéralement à l'état de squelette avant de
mourir, nous avons trouvé tous les organes
parfaitement sains, même l'intestin grêle
dans lequel nous n'avons pas même rencontré
les ténias et les ascarides qu'on y trouve
habituellement et encore moins des Ankylostomes ; mais, par contre, en ouvrant le cœcum
et surtout le gros intestin, nous avons été
frappé d'un spectacle dont ni nous, ni aucun
helminthologiste n'avait encore été témoin :
non seulement la muqueuse cœcale, mais
toute la muqueuse du gros intestin jusqu'à
quelques centimètres de l'anus, donnait
implantation à des myriades de Trichocéphales ;
ils étaient aussi nombreux que les brins de
laine sur une peau de mouton. C'était là la
cause de l'état d'anémie extrême à laquelle
ces animaux étaient arrivés avant d'en mourir.

Il est difficile de diagnostiquer la présence
des Trichocéphales chez les chiens, car ces
vers, fixés solidement à la muqueuse comme
ils le sont, ne se rencontrent jamais dans les
fèces, mais l'examen microscopique d'une
parcelle de ces matières délayée dans de l'eau
permet d'y constater la présence de leurs
œufs si caractéristiques et, par suite, la pré-

sence dans l'intestin des vers qui les ont pondus.

Les mêmes substances qui tuent les Ankylostomes peuvent tuer les Trichocéphales, en ayant soin d'injecter ces substances en lavements, seul moyen de les atteindre.

Ce traitement doit être complété par une désinfection parfaite du sol du chenil et de celui de la cour d'ébats par les mêmes moyens que s'il s'agissait d'Ankylostomes.

B. **Vers des voies urinaires.** — Un ver spécial se rencontre quelquefois dans les reins du chien et aussi dans d'autres régions, comme l'urèthre et la cavité péritonéale, le plus souvent après avoir quitté son premier habitat, c'est le suivant :

Strongle géant (Eustrongylus gigas) (fig. 47, 48, 49). — Ce ver, le plus grand qui puisse se rencontrer chez le chien, est cylindrique, un peu atténué à ses extrémités, de couleur rougeâtre, long chez la femelle (fig. 47) de 2 décimètres à un mètre sur 5 à 12 millimètres d'épaisseur, et chez le mâle (fig. 48) de 15 à 40 centimètres sur 4 à 6 millimètres d'épaisseur ; ce dernier se distingue par une bourse caudale terminale entière, du milieu de laquelle émerge un pénis simple. La femelle pond des œufs assez volumineux à surface réticulée (fig. 49). Dans les deux sexes la bouche est petite, entourée de six nodules ou papilles peu saillantes.

Quand le Strongle géant se développe dans

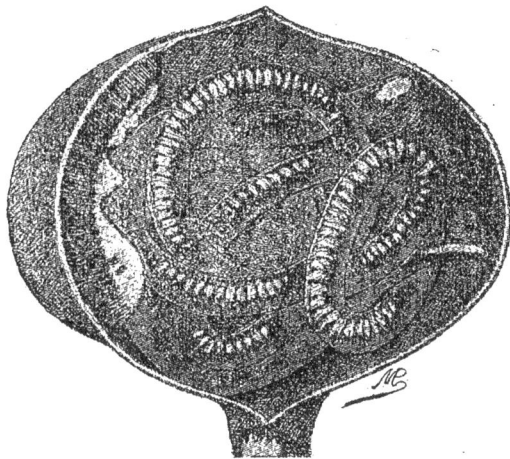

Fig. 47. — Strongle géant femelle dans les reins d'un chien.

le rein, qui est son habitat ordinaire, il arrive

Fig. 48. — Strongle géant mâle.

à détruire toute la substance de l'organe et
à la réduire à son enveloppe (fig. 47) ; le

chien meurt alors d'urémie et après de
grandes souffrances qui l'avaient amené dans
le marasme.

Le même ver, introduit dans l'uretère, dans

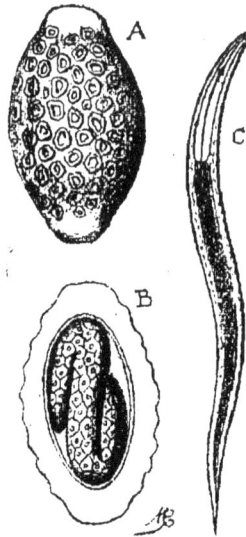

Fig. 49. — Œuf de Strongle géant avec un embryon,
très grossis, d'après M. Balbiani.

la vessie ou dans l'urèthre, peut aussi amener
une rétention d'urine grave et mortelle.

Dans les autres régions où il a été rencontré,
il est beaucoup moins dangereux et même
inoffensif. Ainsi, Leblanc père a extrait des
strongles géants d'abcès développés sous la
peau dans le voisinage de l'urèthre et qu'une
incision a suffi pour amener la guérison. Nous
avons recueilli aussi une femelle de strongle

dans une tumeur de l'ombilic, dont la guérison a suivi promptement l'extraction et nous
avons recueilli, une autre fois, un mâle flottant
dans la cavité du péritoine d'un chien mort
de toute autre cause et qui certainement
n'avait jamais nui à son hôte.

Il est difficile d'indiquer un traitement pour
l'expulsion de ce parasite, dont on ne peut
soupçonner l'existence pendant la vie de l'animal; c'est toujours par hasard qu'on le rencontre, soit en ouvrant un abcès, dont il est
la cause, soit en faisant une autopsie. Il est
heureusement très rare.

Les moyens prophylactiques à employer
sont les mêmes que pour les autres vers.

C. **Vers et maladies vermineuses du sang
et de l'appareil circulatoire** : *Filaire du cœur*
(*Filaria immitis* Leydy) (fig. 50, 51, 52). — Ce
ver, très commun en Chine et dans l'Inde, où
il constitue un véritable fléau pour les chiens,
est heureusement rare en France où on ne l'a
rencontré encore que quatre ou cinq fois.

Cette filaire a le corps cylindrique, atténué
aux extrémités, de couleur blanche, et mesure,
chez la femelle, 24 à 26 centimètres de long sur
un millimètre d'épaisseur, et chez le mâle 12 à
15 centimètres de long sur un demi-millimètre
d'épaisseur. Outre cette différence de dimensions, le mâle se distingue par son extrémité
postérieure qui est en spirale et contient deux
spicules courts et inégaux (fig. 51). La femelle
est vivipare et met au monde des embryons

vivants ressemblant à des anguillules extrê-
mement petites, n'ayant qu'un quart de millimètre de long sur 0,005 millièmes de millimè-

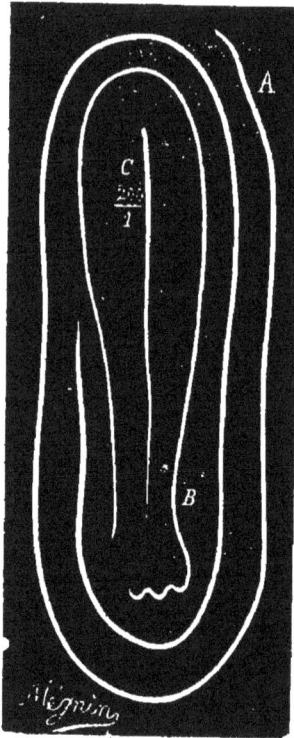

FIG. 50. — *Filaria immitis* Leydy.

A, mâle; B, femelle, de grandeur naturelle; C, embryon grossi.

trcs d'épaisseur, c'est-à-dire le diamètre d'un
globule sanguin; aussi ces embryons circulent-
ils à l'aise dans les vaisseaux et passent dans
les plus fins capillaires. La bouche est termi-

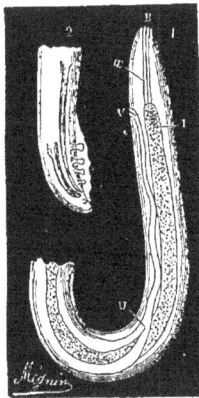

FIG. 51. — 1. Extrémité antérieure de la femelle
2. Extrémité postérieure du mâle.

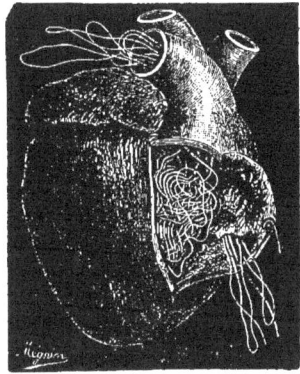

FIG. 52. — Cœur d'un chien du Thibet,
envahi par les filaires.

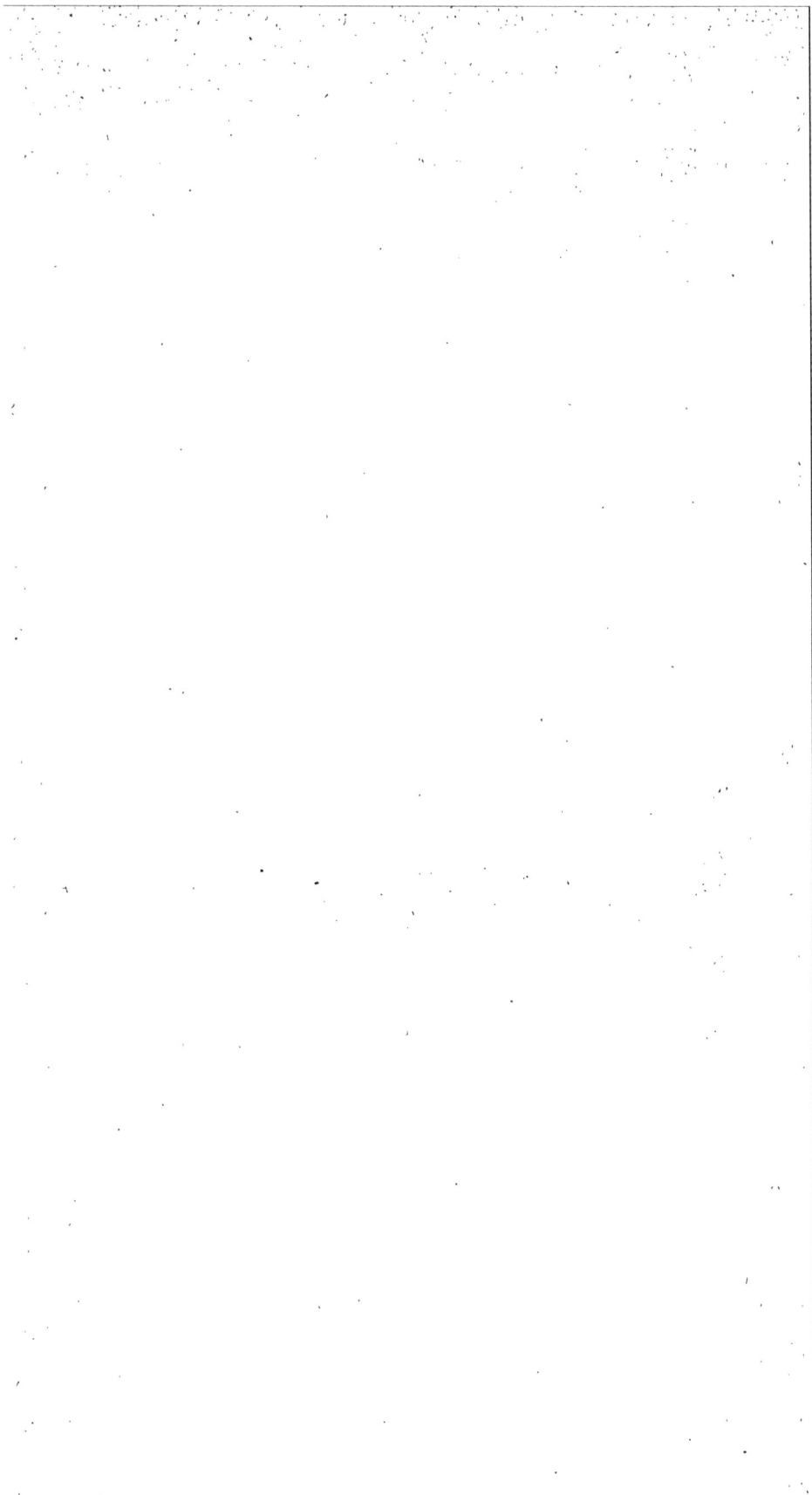

nale, simple, et très petite dans les deux sexes.

Les filaires adultes vivent dans le ventricule droit du chien; elles y sont quelquefois en nombre si considérable qu'elles forment un véritable peloton de fil, ainsi que le montre la figure 52, faite d'après nature sur une pièce qu'un de nos bons amis et confrère en histoire naturelle, nous a envoyée directement de Chine et qui forme le plus bel ornement de nos collections.

On comprend qu'un cœur occupé par un paquet de parasistes pareils, fonctionne difficilement, aussi la mort est-elle la conséquence forcée de leur présence, surtout en nombre pareil.

Dans un cas observé en Allemagne par Reuter, le malade commença par présenter une légère atrophie générale, puis des douleurs sciatiques à gauche; plus tard des vomissements de tous les aliments excepté le lait, un amaigrissement prononcé, une bave sanguinolente, une paralysie du train postérieur et enfin la mort dans des douleurs atroces.

Dans deux cas observés en France par notre confrère M. Dagès, un chien mourut si rapidement qu'on le crut empoisonné; l'autre fut abattu comme enragé.

Malheureusement la science est complètement désarmée en présence de pareils accidents; elle ne peut que conseiller des moyens prophylactiques en évitant de consacrer à la reproduction des chiennes dont le sang est

infecté d'embryons de filaires, (ce que l'on
constate facilement au microscope en exami-
nant une goutte de sang, à un grossissement
suffisant), et en détruisant avec soin les cadavres des animaux qui ont succombé à l'infection vermineuse en question.

Comme pour toutes les maladies vermineuses, il faut veiller aussi à la pureté de l'eau de
boisson qui est le grand véhicule des embryons de vers.

Il faudrait veiller aussi à préserver les chiens
des piqûres de mouches, car il parait démontré
que les mouches suceuses de sang, les cou-
sins entre autres, sont les propagateurs de l'affection en absorbant et en inoculant du sang
chargé d'embryons de filaires. On arrive à
écarter les mouches en lubréfiant les poils de
substances qui leur répugnent, comme l'huile
de laurier, l'infusion de feuilles de noyer, etc.

Ces précautions sont d'autant plus impor-
tantes à prendre que, dans les pays où les cas
d'infection par les filaires du sang sont nombreux chez les chiens, on constate en même
temps des affections très graves et probablement de même nature chez l'homme. Ainsi au
Brésil et dans l'Inde, l'affection connue sous
le nom d'*hematochilurie* a été reconnue causée
par des myriades d'embryons de filaires microscopiques existant, non seulement dans l'urine
sanguinolente et lactescente des malades, mais
encore dans les vaisseaux et dans la vessie.

Strongle des vaisseaux (*Strongylus vasorum*).
— En 1854, M. Serres, professeur adjoint à
l'école vétérinaire de Toulouse, découvrit dans
les cavités droites du cœur d'un chien, une
grande quantité de petits vers que M. Baillet,
chargé de les examiner, prit d'abord pour les
dochmies ordinaires de cet animal, mais qu'à
leur bouche ronde et inerme, il reconnut plus
tard appartenir à une espèce nouvelle, qu'il
nomma *Strongylus vasorum*.

Les dimensions de ces vers sont, en longueur, pour les mâles, 15 millimètres, et pour
les femelles, 20 millimètres. Ces dernières
pondent des œufs de 7 à 8 millimètres de long,
sur 4 à 5 millimètres de large.

C'est probablement le même ver que le professeur allemand Leysering avait aussi trouvé
dans les cavités droites du cœur d'un chien et
qu'il a nommé *Strongylus subulatus*.

Deux autres cas de Strongylose des vaisseaux ont été observés à Toulouse en 1890,
par M. Maury, professeur à l'Ecole vétérinaire. Le premier cas a été présenté par un
chien d'arrêt de trois ans, qui était atteint
d'ascite, était triste, essoufflé, amaigri et
affecté d'une toux sèche, faible et quinteuse.
La ponction et les diurétiques firent disparaître l'ascite, qui revint quand on cessa le
traitement et que le chien retourna à la
chasse. Il finit par mourir et à l'autopsie on
trouva les poumons farcis de nodules, résultat
d'embolies, et dans l'artère pulmonaire et le
cœur, de nombreux strongles des vaisseaux.

Le deuxième cas fut fourni par un chien de berger, aussi affecté de toux et d'essoufflement au moindre exercice, puis d'ascite. A l'autopsie on trouva aussi de nombreux nodules pulmonaires et dans le cœur droit quatre strongles de l'espèce *Strongylus vasorum*.

Comme pour la filaire, la science est impuissante à débarrasser les vaisseaux d'un chien des parasites dont nous venons de parler; mais on peut s'attacher à prévenir cette infection qui a probablement pour origine les embryons rendus avec les urines et arrivant pleins de vitalité dans l'eau des ruisseaux ou des cours, que lapperont d'autres chiens. Les procédés de désinfections du sol des chenils et du sol des cours que nous avons déjà indiqués pour les précédentes affections vermineuses, sont donc aussi applicables ici.

Spiroptère ensanglanté (*Spiroptera sanguinolenta* Rud.) (fig. 53 et 54).— Ce ver, que l'on rencontre assez fréquemment dans des tumeurs sous-muqueuses de l'œsophage et de l'estomac dont il provoque la formation par sa présence, se rencontre aussi, mais plus rarement, dans des tumeurs de l'aorte dont il est aussi la cause, tumeurs anévrismales percées de loges, qui finissent par s'ouvrir dans la cavité abdominale et amener ainsi une hémorragie rapidement mortelle (fig. 53, 1).

Le spiroptère ensanglanté, qu'on appelle aussi *filaria sanguinolenta*, est un ver rougeâtre cylindrique, obtus à ses extrémités, un peu

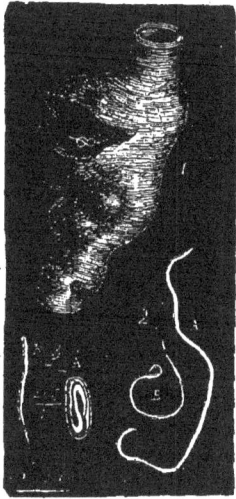

Fig. 53. — *Spiroptera sanguinolenta.*

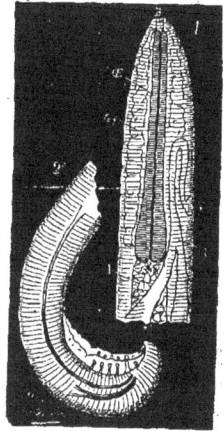

Fig. 54. — *Spiroptera sanguinolenta.*

plus mince en avant, à bouche terminale nue, à lèvre ondulée. Le mâle est long de 40 à 55 millimètres sur 1/2 à 3/4 de millimètre de large, à queue formant un ou deux tours de spire, munie de deux ailes membraneuses et de deux spicules inégaux (fig. 54, 2) ; la fe-

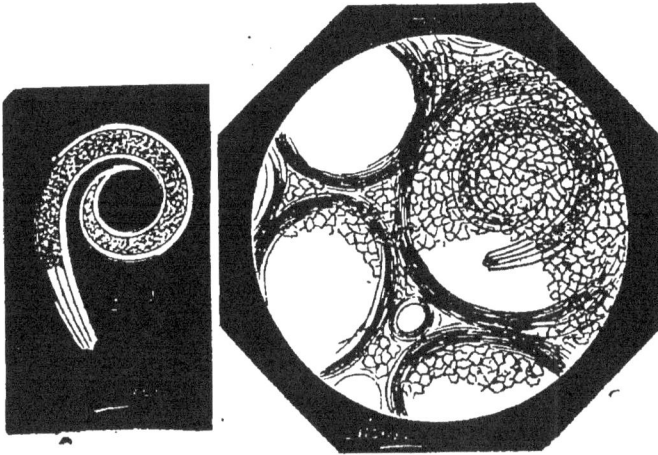

Fig. 55 et Fig. 56. — Ver des poumons du chien.

melle à 54 à 80 millimètres de long, sur 1 à 1 m/m. 50 de large, à queue obtuse, droite, à vulve s'ouvrant à 4 millimètres de la bouche. Elle pond des œufs très petits (fig. 53, 3 A), ne mesurant que 0 m/m.04 de long, sur 0 m/m. 02 de large et 0 m/m. 01 d'épaisseur ; ils sont aplatis et contiennent des embryons prêts à éclore ; ces embryons (fig. 53, 3 B) mesurent 0 m/m. 09 de long sur 0 m/m. 05 d'épaisseur ; ils circulent dans le sang comme ceux de la filaire hématique et du strongle des vaisseaux,

et peuvent déterminer aussi des embolies dans
les poumons, suivies de nodules ayant l'apparence d'une fausse tuberculose (fig. 55 et 56.)

Mêmes observations que pour les vers précédents en ce qui concerne la nécessité et les
moyens de désinfection des chenils et des
cours y attenant, et l'importance d'une eau
toujours très pure à donner à boire aux
chiens, car il ne faut pas oublier que l'eau est
le véhicule de tous les germes d'helminthes
et le principal agent de contamination.

D *Vers des fosses nasales et du péritoine*

Pentastome ou linguatule (*Pentastoma tænioï-
des*). — Le parasite qu'on nomme Pentastome,
ou Linguatule, bien qu'ayant l'apparence d'un
ver (fig. 57), a été reconnu par les zoologistes
pour un crustacé du groupe des Lernéens, —
d'autres le classent, à tort, parmi les acariens,
— l'embryon (D) sortant de l'œuf est microscopique et tout à fait invisible à l'œil nu, il a
quatre pattes qui disparaissent chez la larve
(C et C'), remplacées chez elle par de nombreuses papilles cornées cutanées, et par quatre crochets rétractiles rangés en ligne près de
la bouche (B). L'adulte a la même armature de
bouche (A), mais il a la peau lisse, annelée
comme celle d'une sangsue à laquelle il ressemble, moins la couleur, car il est blanc. Il
est long de 6 à 8 centimètres. Les mâles sont
un peu plus petits que les femelles.

Ce ver opère des migrations qui rappellent

celles des ténias; on effet, sa larve se rencontre ordinairement enkystée dans l'épais
seur des parois du mésentère de certains
moutons, lapins, rats ou cochons d'Inde, et si

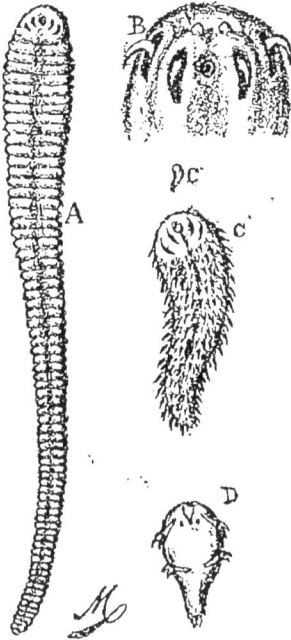

FIG. 57.
Pentastome ténioïde.

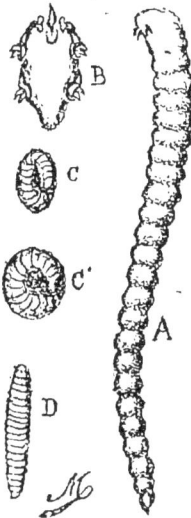

FIG. 58.
Pentastome moniliforme.

un chien vient à dévorer les entrailles d'un de
ces animaux, la larve du pentastome, mise en
liberté par la digestion de son kyste, remonte
des organes digestifs au pharynx ou jusque
dans les fosses nasales, se fixe à la muqueuse
par ses crochets et accomplit là les dernières
phases de son développement. Quand elle se

détache et est expulsée au dehors dans un éternument ou un crachement ou extraite à la main, la linguatule est ordinairement remplie d'œufs fécondés. Où s'est fait la fécondation, l'accouplement ? — Car on ne trouve ordinairement qu'un Pentastome dans les cavités nasales et toujours une femelle. — Ces questions n'ont pas encore été résolues jusqu'à présent. Et il se pourrait même que les Pentastomes aient quelquefois une autre origine que celle qu'on leur attribue ordinairement, car nous possédons des portions de mésentère d'un chien qui sont remplies de nymphes de Pentastomes enkystées — (d'une espèce qu'on n'avait pas encore rencontrée chez le chien, le *Pentastome moniliforme*, fig. 58). L'hôte qui les logeait a dû les absorber à l'état d'œufs ou de très jeunes embryons.

On a dit que le Pentastome se rencontre particulièrement dans les sinus frontaux ou maxilaires du chien, nous ne l'avons jamais vu dans ces endroits, mais toujours dans les fosses nasales et une fois dans le pharynx ou il était attaché à la face postérieure du voile du palais ; sa queue, qui dépassait le bord inférieur de cet organe, permit de le voir et de l'arracher. Nous en avons aussi trouvé un jeune de deux centimètres de long dans l'intestin grêle d'un chien dont nous faisions l'autopsie. On en a trouvé aussi un dans l'oreille interne d'un chien, où il n'a pu arriver qu'en s'introduisant dans la trompe d'Eustache ; enfin on en a aussi trouvé dans les poumons.

Le plus souvent le Pentastome ne détermine que des accidents insignifiants ; nous l'avons vu provoquer le développement d'un véritable coryza artificiel avec gêne extrême de la respiration, écoulement purulent se desséchant à l'entrée des narines sous forme de croûtes noirâtres et s'accompagnant d'éternuements fréquents et de toux. Tous ces accidents disparurent après l'extirpation du Pentastome dont la queue s'était montrée à l'entrée des narines.

L'implantation des crochets du Pentastome sur la muqueuse peut être suivie d'ulcérations persistantes. Enfin, si cette implantation a lieu sur un sinus veineux, elle peut être suivie d'hémorragies répétées, simulant une épistaxis, ou le saignement de nez intermittent, symptôme fréquent de l'anémie pernicieuse des chiens de meute.

On peut provoquer le détachement du Pentastome et son expulsion par des injections d'eau salée ou de quelques gouttes d'essence de térébenthine émulsionnée dans un jaune d'œuf et étendue d'eau tiède, quand le parasite est fixé profondément et hors d'atteinte, car une pince anatomique est encore le meilleur moyen pour l'extraire.

On préviendra le développement de ce parasite chez le chien en veillant à ce qu'il ne dévore pas, à l'état cru, d'entrailles de moutons, de lapins, de rats ou de cochons d'Inde infestées de larves, ou à ce qu'il ne boive pas d'eau véhiculant des œufs ou des embryons.

En somme, le sol du chenil et de la cour doit
être l'objet de procédés de désinfection comme
pour toutes les autres maladies vermineuses,
et on aura soin de jeter au feu les Pentastomes
que le chien expulsera spontanément, pour que
le sol sur lequel ils seraient écrasés, ne de-
vienne pas un réceptacle de ses œufs.

E *Vers du cerveau, des muscles et des organes parenchymateux*

On appelle *ladrerie* une maladie dont le porc
est assez fréquemment affecté, dans certains
pays, particulièrement la Bretagne, et qui
consiste dans l'invasion du tissu cellulaire
intermusculaire par de petits vers vésiculaires
du volume et de la forme de petits haricots,
laissant voir par transparence une petite masse
blanche qui est une tête de ténia ; en effet, ce
ver (fig. 59), qu'on appelle Cysticerque celluleux,
est considéré par les helminthologistes comme
la larve du *Tænia solium*, un des ténias de
l'homme que ce dernier contracte en mangeant
de la viande de porc ladre insuffisamment
cuite, et le porc, de son côté, contracte des
cysticerques en dévorant des ordures humai-
nes provenant de personnes affectées de ténia.

Il n'y a pas que le porc qui puisse être
ladre : l'homme peut le devenir s'il est affecté
de ténia et que celui-ci ponde dans ses intestins, ou bien en buvant de l'eau contenant des
embryons de ténia. Le chien aussi peut devenir ladre, soit en buvant comme l'homme,

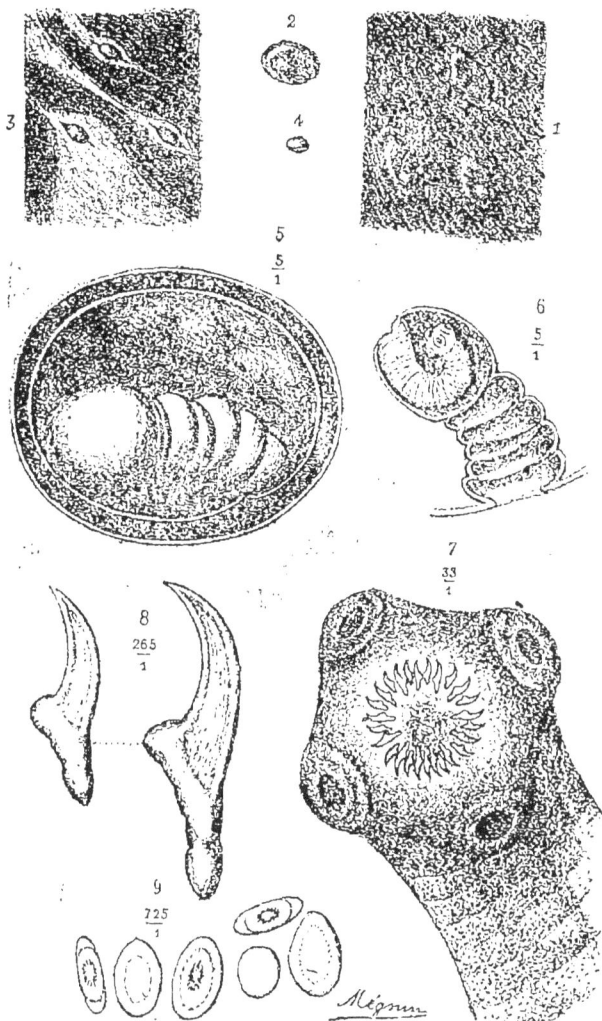

Fig. 50. — Cysticerque ladrique.
1-2, grandeur naturelle; 3-4, desséché dans du porc salé;
5-9, détails anatomiques grossis.

de l'eau contenant des embryons de ténias, soit comme le porc en ingérant des ordures contenant des œufs ou des anneaux de ténia.

Nous avons observé, avec M. C. Leblanc, un beau cas de ladrerie chez le chien, chez lequel les cysticerques n'étaient pas dans les muscles, mais dans le cerveau, dans le foie et dans le pancréas. M. Trasbot en a observé un autre cas, dans lequel tous les muscles contenaient des centaines de cysticerques ladriques.

Sachant comment cette maladie se développe on la prévient en empêchant le chien de fouiller dans les ordures et de boire de l'eau sale du ruisseau.

Enfin, en appliquant aux chenils les procédés de désinfection à base de salicylate, on prévient l'invasion des cysticerques comme de tous les autres parasites vermineux.

CHAPITRE V

Hygiène des chenils à propos des maladies infectieuses.

Différentes maladies infectieuses peuvent atteindre le chien, et une des plus graves est une affection catarrhale maligne que l'on confond généralement avec la *maladie* dite *des jeunes chiens*, bien qu'elle puisse atteindre les chiens adultes et causer de grands ravages dans les chenils. Pour la distinguer de la *gourme des jeunes chiens* avec laquelle, au début, elle a une certaine analogie, nou sl'avons nommée :

Grippe ou **pneumonie infectieuse**, ou encore **Typhus des chenils** ou des **Expositions canines** parce que souvent, à la suite des expositions, elle est colportée par des chiens qui y ont figuré, et envahit alors leurs chenils qu'elle décime. On en trouvera la description complète dans notre *Traité de la médecine du Chien ;* ici nous nous contenterons de donner, comme c'est notre mission, les moyens hygiéniques applicables aux chenils qui ont été envahis ou qui ont contenu des chiens atteints de cette affection.

Dans ce cas, le désinfectant par excellence est le Crésyl-Jeyès, étendu d'eau dans la proportion de 3 0/0, c'est-à-dire une bonne cuillerée et demie dans un litre d'eau. Non seulement avec cette solution on lavera le sol, les bancs et les parois jusqu'à la hauteur des points où peuvent atteindre les chiens, et aussi les ustensiles à boire et à manger ; aussi au moyen d'un pulvérisateur à main ou à pompe (fig. 60), on chargera de cette substance l'atmosphère que respirent les chiens malades ou susceptibles de le devenir. Souvent ce moyen suffit pour arrêter la maladie et prévenir son extension. Le sol du préau doit être traité de la même façon et même retourné et semé à nouveau de graines d'herbes.

Stomatite grave infectieuse — *(Scorbut ?)* — Cette maladie, caractérisée par l'apparition d'une éruption aphteuse dans la bouche, sur les gencives et sur la langue, et par une salive filante et infecte, fait souvent beaucoup de victimes. Le désinfectant par excellence de cette affection et qui constitue en même temps la base du traitement le plus efficace, est l'acide salicylique. Étendu d'eau à saturation, c'est-à-dire à 2 pour 1000, — car il est assez peu soluble — cet acide sera employé, d'abord en gargarisme au moyen d'une petite seringue ou d'une éponge ; puis de la même façon que le Crésyl-Jeyès dans l'affection précédente, c'est-à-dire en pulvérisation et en lavage du sol, des bancs et des parois du

Fig. 60. — Pulvérisateur Japy.

chenil, ainsi que de tous les objets accessoires :
gamelles ou auges à boire ou à manger.

Les mêmes procédés de désinfection sont

applicables dans le cas de simple gourme des jeunes chiens.

Charbon. — Les affections charbonneuses sont très rares chez le chien ; cependant on en a constaté des cas à la suite d'ingestion de viande d'animaux charbonneux, cas toujours mortels et dont on ne reconnaît bien la nature qu'à l'autopsie et à l'examen microscopique du sang.

Pour désinfecter un chenil dans lequel seraient morts des chiens atteints du charbon, les lavages au sublimé sont préférables à tous les autres. On prépare une solution au sublimé (bi-chlorure de mercure), à 2 ou 3 pour 1000 ; on y ajoute 4 ou 5 grammes d'acide tartrique qui rend le sublimé plus actif et on procède à la désinfection par des lavages comme nous avons indiqué de les pratiquer dans le cas de grippe ou de pneumonie infectieuse.

Morve. — On a cru longtemps, sur la foi de Renault, que le chien était réfractaire à la morve, aussi bien qu'au charbon, mais il est démontré maintenant qu'il peut contracter ces deux affections.

Le chien contracte la morve en mangeant de la viande de cheval morveux, et cette maladie se caractérise par des plaies farcineuses ou ulcéreuses qui apparaissent successivement sur le corps, et enfin par la mort par épuisement, à laquelle certains chiens résistent et arrivent même à en guérir spontanément.

Un des meilleurs procédés de désinfection d'un chenil qui a contenu des chiens atteints de la morve, est encore le lavage au chlorure de chaux, à la dose d'une vingtaine de grammes par litre d'eau, complété par les anciennes fumigations guytonniennes.

Ces fumigations se pratiquent de la manière suivante, au moyen des quatre substances ci-dessous aux doses indiquées :

Sel marin. . . . . 240 grammes.
Bi oxyde de manganèse. . 100 —
Acide sulfurique . . . . 200 —
Eau ordinaire. . . . . . 200 —

On mêle le sel et l'oxyde ; on y ajoute ensuite l'eau et l'acide ; on agite et on dépose le vase qui contient le tout dans le local à désinfecter que l'on ferme ensuite. Le chlore se dégage en abondance à l'état gazeux et pénètre dans tous les coins et recoins.

Le lendemain on peut ouvrir le local et aérer ; tous les germes ou microbes de la morve sont détruits.

La quantité des substances indiquées ci-dessus est ce qu'il est nécessaire pour désinfecter un local de *cent mètres cubes* de capacité.

Tuberculose. — La phtisie tuberculeuse, exactement semblable à celle de l'homme, peut être contractée par le chien bien qu'on l'ait cru longtemps réfractaire à cette maladie. M. Cadiot, professeur à l'école vétérinaire d'Alfort, en a déjà observé plus de quarante cas dans ces dernières années.

13

Le chien peut gagner cette maladie soit en cohabitant avec un maître ou une maîtresse atteints du même mal, soit au contact d'autres chiens phtisiques. Les signes de la maladie sont les mêmes que chez l'homme : amaigrissement, respiration activée, puis difficile, toux quinteuse.

Ce sont les produits du jetage nasal qui renferment le bacille spécial, cause de la maladie ; ce sont par conséquent ces jetages qu'il faut désinfecter, soit en brûlant les objets, linges ou autres, qui ont été contaminés, soit en les passant à l'acide pyroligneux étendu au tiers. Il a été reconnu, dans ces derniers temps, que c'est le meilleur agent destructeur du bacille de la tuberculose. Si un chenil a été habité par un chien phtisique, c'est avec ce liquide qu'il faudra laver le sol, les bancs, les murs, les ustensiles à boire et à manger, enfin tous les objets qui ont été en contact avec les chiens en question.

LES CHENILS & LEUR HYGIÈNE

CHAPITRE V

FIN DE LA TABLE DES MATIÈRES

TABLE DES FIGURES

LES CHENILS & LEUR HYGIÈNE

FIN DE LA TABLE DES FIGURES

www.ingramcontent.com/pod-product-compliance
Lightning Source LLC
Chambersburg PA
CBHW060528210326
41519CB00014B/3162